新・数理／工学
ライブラリ ［応用数学＝1］

微分方程式概論
［新訂版］

神保 秀一 著

数理工学社

編者のことば

　21 世紀に入って基礎科学や科学技術の発展は続いています．数学や宇宙や物質に関する様々な基礎科学の研究から生活を支える様々な製品や機器や，エネルギー，バイオ，通信，情報理論に関する工学的研究まで様々な進展が見られます．微分積分学が創始された 17 世紀以降において数理的な諸科学では数式や数学理論が学問を基礎や側面からその発展を支えています．そしてこれからも続いていくことでしょう．近年，理工系分野では日本人の貢献は特筆すべきものがあり，それもベテランから若い人まで広い世代によってなされ，いくつかの仕事は世界的に広く認識されて非常に誇らしく感じています．日本の科学技術研究のこれらの流れは今後も続いていくことが期待されます．この「新・数理/工学ライブラリ［応用数学］」はこのような科学や技術の分野における人の育成に貢献していくことを目的に考えられました．大学の理工系学部では，基礎課程において数学の科目が多く課されています．微分積分学の理解が第一に大事な学力の基盤となりますが，それに続いて学ぶべき科目としては微分方程式入門，複素関数論，ベクトル解析，フーリエ解析，数値解析，確率統計などが重要な科目となります．これらはいずれも昔から理工系の専門基礎科目として伝統的なものですが科学が進んでも重要度が下がることはありません．何かの研究や技術において何か革新が起こる際には実はその課題の根本から見直されるからです．そしてまた，それを成すのは既存の枠から外に出て基礎から全体を自由に見直すことができる人で，数学力がその人を支えます．この応用数学ライブラリがそのような人々を育成することに大いに役立って行くことを望んでいます．

神保秀一

新訂版まえがき

　本書は微分方程式概論（神保著，サイエンス社）の改訂版である．旧版は 1999 年に出版され，その後 20 年近く経過した．この期間，多くの大学の授業やゼミなどを通して学生諸君や教員の方々に利用頂いたと伺い，大きな感謝の気持ちをもっている．その過程でいろいろなご意見や指摘などを頂いた．私自身も授業で使用して反省する部分もあった．これらの経験を反映させて今回の改訂に至った（応用数学関連の一書として，数理工学社発行（サイエンス社発売）といった形式での刊行となった）．具体的には，題材の差し替え，計算と説明を見直していくつかの改良を行ったつもりである．これによって本書が微分方程式の入門書としてより学びやすいものになったと期待する．

2017 年 12 月

著　者

初版まえがき

　本書は微分方程式について初めて学ぶ学生諸君を対象とした入門書である．微分方程式は，自然科学や工学の多くの領域で登場する．現れ方は様々で，物理学においては粒子や波の運動などを，生態や生物の分野では細胞や生物種の個体数密度を記述する．最新テクノロジーにおいては驚くほどいろいろなものにも応用されている．もちろん，数学ではそれ自体が重要であらゆる側面から研究されている．いずれにしても研究段階において方程式の解の性質が詳しくわかることが前進につながる．よって微分方程式は，理工系の分野で新しいことを始める若い人にとってぜひとも学ぶ必要のある科目であるといえる．

　一方，微分方程式は数学と様々な自然現象との接点であり，解の物理的意味や幾何学的な挙動を味わうことにより，自然科学の素養を磨きながら，楽しんで数学を学べるという効用がある．従って，初学者はあまり堅苦しい態度で臨まなくてもよい．ゆっくりと計算を追い意味を味わいながら勉強すれば自然に力がついてくるであろう．

　本書では，基本的な微分方程式を中心に計算や考え方を学ぶ．また，物理の力学的な現象に関わる例を主として取り上げ数学的に解析する．これによって，現象の例を味わいながら計算を楽しめるように工夫した．1, 2章では常微分方程式（1変数関数に対する微分方程式）の基礎で主に線形方程式を扱う．3章は具体的力学の現象の例を微分方程式を通して理解する．4章では代表的かつ簡単な偏微分方程式（多変数関数に対する微分方程式）を導入し，物理的な側面の説明と簡単な解の解析を行う．5章はラプラス変換を導入し，1, 2章で扱った方程式に対して解の別の計算法によるアプローチを行う．

　本書を読むための予備知識は，複素数の計算，線形代数（特に行列の演算と対角化）および微分積分の初歩（合成関数の微分，置換積分，部分積分，逐次積分の順序交換，等）である．また，線形空間や線形写像の概念を学んでいると理解がより容易であろう．後半部分（4章以降）は，数学的にある程度進んだ内容を含んでいる．また，証明のなかで，広義積分の収束，関数の収束など

iv

初版まえがき

本来厳密に議論をするべき部分があるが，直観に頼った説明で代替していると
ころがある．しかし，まずは全体としての見通しと大まかな理解のほうが重要
なのであまり細かいことを気にせず直観的に理解できたらどんどん先へいくこ
とを奨める．

　本書の執筆中に北海道大学の数学教室の同僚の方々から暖かい励ましを受け
た．特に，本多尚文，前田芳孝，泉屋周一，石川剛郎，山下博，林実樹広の各
氏には貴重なご意見とご教示を頂いた．越昭三先生には本書の執筆の機会を与
えて頂いた．また，サイエンス社の田島伸彦氏，鈴木綾子氏には全般にお世話
になった．それによって本書が読みやすいものになり，また内容も充実したと
思われる．これらの方々に心から感謝したいと思います．

1998 年 9 月

著　者

目　　次

第 1 章　微分方程式入門　　1

1.1　入　　　門.. 1

1.2　変数分離形方程式... 4

1.3　定数変化法... 15

1.4　定数係数 2 階線形方程式....................................... 20

1.5　ニュートンの運動方程式....................................... 25

1.6　微分方程式の解の存在について................................. 30

1.7　解とそのグラフの幾何的な考察................................. 34

演習問題... 36

第 2 章　線形微分方程式　　37

2.1　1 階連立系の線形微分方程式.................................... 39

2.2　定数変化法... 47

2.3　2 階線形微分方程式... 50

2.4　1 階連立および高階の線形微分方程式............................ 52

2.5　定数係数高階線形微分方程式................................... 56

2.6　定数係数連立方程式と行列の指数関数........................... 66

演習問題... 78

第 3 章　微分方程式の応用　　79

3.1　減衰振動と連成振動... 79

3.2　スロープ上を運動する質点の問題............................... 89

3.3　2 体問題（ケプラーの法則）................................... 95

3.4　変分法と最速降下曲線の問題................................... 100

演習問題... 106

目　　次　　vii

第4章　基本的な偏微分方程式　107

4.1　波動方程式，進行波，固有振動 107

4.2　固有値問題とフーリエ級数 115

4.3　熱伝導方程式 121

4.4　ラプラス方程式 130

演習問題 136

第5章　ラプラス変換と応用　137

5.1　ラプラス変換の定義と計算 137

5.2　ラプラス変換の性質 140

5.3　微分方程式への応用 146

5.4　積分方程式への応用 149

演習問題 151

付章　　予備知識と補足　152

A.1　複　素　数 152

A.2　指数関数の複素変数への拡張，代数学の基本定理 154

A.3　微分方程式の解の一意存在について 157

A.4　線形空間（ベクトル空間） 160

A.5　行列の固有値と対角化 162

問題の略解　166

参　考　書　170

索　　引　171

記号と用語

本書では以下の記号や用語をよく用いる．詳しいことは，微分積分，線形代数の入門書を参考にされたい．

$\mathbb{N}$：自然数全体（$\{1, 2, 3, \cdots\}$ のこと）からなる集合

$\mathbb{R}$：実数全体からなる集合

$\mathbb{C}$：複素数全体からなる集合，A.1 節に解説がある．

$\mathbb{R}^n$：n 次元ユークリッド空間 $\mathbb{R}^n = \{(x_1, x_2, \cdots, x_n) \mid x_1, x_2, \cdots, x_n \in \mathbb{R}\}$

e：　自然対数の底，$e = \lim_{t \to \infty} (1 + (1/t))^t$ で定義される実数．その小数展開は $e = 2.71828181845 \cdots$ で，無理数であることが知られている．ネピアの数ともよばれる．

e^x：指数関数，$\exp(x)$ とも書く．x のところに複素数 z を代入することもできる．これに関して A.2 節にも解説がある．

$\arcsin x$：$\sin x$ の逆関数であり定義域は $[-1, 1]$

$\arccos x$：$\cos x$ の逆関数であり定義域は $[-1, 1]$

$\arctan x$：$\tan x$ の逆関数であり定義域は $(-\infty, \infty)$

$\dfrac{du}{dx} = du/dx$：x に関する u の導関数で，u' と書くこともある．

$\dfrac{d}{dx} = d/dx$：x に関する 1 変数関数を x に関して微分する微分作用素

$\dfrac{\partial}{\partial x_j} = \partial/\partial x_j$：多変数関数を x_j に関して微分する偏微分作用素

Δ：　ラプラス作用素あるいはラプラシアン．
　　　　n 次元のときは $\Delta = \partial^2/\partial x_1^2 + \partial^2/\partial x_2^2 + \cdots + \partial^2/\partial x_n^2$

C^m–級の関数：連続であり m 回微分可能で m 階までのすべての導関数が連続となる関数．ただし，$m = 0$ の場合は単なる連続関数のこと．

$C^m(\Omega)$：区間あるいは領域 Ω で C^m–級である関数の全体．

定義：新しく現れた数学の用語や対象物の意味を定めること．言葉の意味を規定すること．

定理：公理や仮定などを用いて示される数学的な事実．命題も同じ意味．

$\forall x$：『任意の x について～』という意味の論理記号

$\exists x$：『ある x が存在して～』という意味の論理記号

第 1 章
微分方程式入門

まず微分方程式を導入して初等解法を解説する．また，古典力学の運動方程式を基本に質点の簡単な運動を考え，具体例を解析する．

1.1 入　　門

x を変数として，1変数関数 $u = u(x)$ を考えよう．関数 u およびその導関数 $du/dx, d^2u/dx^2, \cdots, d^nu/dx^n$ の間の一定の関係式を**微分方程式**という．これはいくぶん抽象的ないい方であるので具体的な説明をする．たとえば $n = 1$ の場合では

$$\frac{du}{dx} = f(x, u) \tag{1.1}$$

のような形のものを考える．ただし，$f(x, u)$ は与えられた x, u の関数（あるいは式）である．微分方程式で問題となることは，方程式を満たす関数 $u(x)$ を求めることである．$u(x)$ は方程式が与えられた段階では**未知関数**とよばれ，それが存在したとき**解**とよばれる．また，さらに解の性質を詳しく調べることが問題になることもある．一般に，解は一つには定まらず多数存在する．また，当面の問題に即して適当な条件（初期条件）を付加して目的の解を特定することもよく行われる．

以下，本書では，未知関数には u, v, w など，独立変数には t, x, y などを使用する．また方程式に式として含まれている u の導関数の最高次数をその方程式の**階数**という．

まず二，三の具体的な例をあげてみよう．

2　　　　　　　　　第 1 章　微分方程式入門

$$\frac{du}{dx} - 2u = 0 \tag{1.2}$$

$$\frac{dv}{dx} + v = x \tag{1.3}$$

$$\frac{d^2w}{dx^2} + \frac{dw}{dx} - 2w = 0 \tag{1.4}$$

(1.2), (1.3) は 1 階微分方程式，(1.4) は 2 階微分方程式である．(1.2) について，関数

$$u(x) = e^{2x}$$

は解になっていることが簡単な計算で確かめられる．さらに定数倍である $\widetilde{u}(x) = ce^{2x}$ も明らかに解になっている．よって，定数 c の与え方により無数に多くの解が存在するが，あとで示されるように，実は (1.2) のすべての解はこの形にかける．このように任意定数を含むような解を**一般解**という．また，たとえば $x = 0$ における値 $u(0)$ を適当に指定すれば解は一意に定まる．このような特定の解を**特殊解**あるいは**特解**という．

さて，上では解 $u(x)$ を天下りに与えたが，与えられた微分方程式に対して解をどのようにみつけたらよいのであろうか．それが本書の主題であり目的であるが，少し考えるとわかるように，いくらでも式を合成して複雑な微分方程式を作成し得ることがわかる．このような様々に存在する微分方程式に万能に通用するような一般的な解法はあまり期待できない．従って，一般的に考えるよりはある程度数学的に扱いやすい典型的なものから始めて，徐々に理解を深め知識を広げることが得策であり，本書でもその道筋をたどる．

上にあげたような (1.2), (1.3), (1.4) の例は特別な形をしており，以下の本書の中で解説する方法で扱うことができる．

問 1　$d^2u/dx^2 = 0$ を満たす関数 $u = u(x)$ をいくつかあげてみよ．

問 2　α, β, γ は定数とする．関数

$$v(x) = x - 1 + \alpha e^{-x}, \quad w(x) = \beta e^x + \gamma e^{-2x}$$

は，それぞれ (1.3), (1.4) の解になっていることを示せ．

1.1. 入　　門

問 3　$\omega > 0$ を定数とする．任意の定数 a, b に対し，

$$u(x) = a\cos\omega x + b\sin\omega x$$

は，微分方程式

$$\frac{d^2u}{dx^2} + \omega^2 u = 0 \quad \text{(単振動方程式)} \tag{1.5}$$

の解になっていることを示せ．

問 4　$\omega > 0$ を定数とする．任意の定数 a, b に対し，

$$v(x) = a\,e^{\omega x} + b\,e^{-\omega x}$$

は，微分方程式

$$\frac{d^2v}{dx^2} - \omega^2 v = 0 \tag{1.6}$$

の解になっていることを示せ．

注　上の二つの問における u, v は，確かにそれぞれ (1.5), (1.6) の解になっているが，逆にすべての解がこれらの形で表されるのだろうか？ このことは，実は正しいが必ずしも自明なことではない．これについては，次の節で解決される．

┌─ 実数の性質 ─

　我々は微分積分などで様々な具体的な関数や数列 を扱うが，それらは実数をもとにしてつくられている．ここで，実数の性質について整理しておこう．実数の全体である $\mathbb{R}$ は次の性質をもつ．

（ i ）四則演算が備わっている．

（ ii ）順序関係（等号，不等号関係）が定められている．

（iii）連続性がある（切れ目がない）．

　逆に，この (i), (ii), (iii) の性質をもつような集まりは本質的に $\mathbb{R}$ のみであることもわかる．我々は直線のイメージによって $\mathbb{R}$ を捉え，それによって関数のグラフを描いたりする．そのイメージの正当性は (ii) や (iii) によって保証されているのである．実際には (i), (ii), (iii) 自体の言葉の意味が数学的に規定され表現されなければいけない．実数の定式化が厳密に行われたのは 19 世紀半ば（カントール，デデキント）であり，17 世紀に微分積分が創始されて，いろいろな数や関数が計算されながら 200 年も経ってからであったのは大変面白い．数学は必ずしも論理的な順序に従って発展するとは限らないということであろうか．

1.2 変数分離形方程式

$f = f(u)$, $g = g(x)$ を連続関数とする. $u = u(x)$ を未知関数とする次の形の微分方程式を考える.

$$g(u)\frac{du}{dx} = f(x) \tag{1.7}$$

あるいは

$$\frac{du}{dx} = g(u)f(x) \tag{1.8}$$

上の形の方程式を**変数分離形方程式**という（割り算して変形すればよいので (1.7) と (1.8) は本質的に同じであることに注意）. これを解くことを考えよう. (1.7) の両辺を x の関数として不定積分を考えると,

$$\int g(u)\frac{du}{dx}\,dx = \int f(x)\,dx$$

となるが, ここで左辺は x から u への置換積分の形だから

$$\int g(u)\,du = \int f(x)\,dx$$

と変形できる（変数 x と u が左右に分離）. よって, 各辺で積分計算が実行できれば u と x の関係式になり, それを u について解いて解 $u = u(x)$ を得る.

それでは, 具体例で実際に上の方法を (1.2) の方程式

$$\frac{du}{dx} - 2u = 0$$

で実行してみよう. 方程式は $(1/u)du/dx = 2$ と変数分離形にできる. 両辺の不定積分を考えると

$$\int \frac{1}{u}\frac{du}{dx}\,dx = 2\int dx$$

を得る. よって

$$\int \frac{1}{u}\,du = 2x + c \quad (c : 任意定数)$$

となり不定積分を実行して

1.2. 変数分離形方程式　　　　　**5**

$$\log |u| = 2x + c$$

となる．これを u について解いて $u(x) = \pm e^c e^{2x}$ となる．ここで，$\pm e^c$ は符号が＋あるいは － のいずれであっても定数だから，$\pm e^c = c'$ として $u(x) = c' e^{2x}$ を得る．逆にこの形の関数は (1.2) の解になるので，これが一般解である．

注　この議論では，方程式 (1.2) を直接変形して解を得ている．いい換えると u を (1.2) の任意の解として（存在をするとして）計算して $u(x) = c' e^{2x}$ を得たのであるから，これが解であるための必要条件ということになる．すなわち，別の形の解はないことの証明にもなっているのである．

┌─ 例題 1 ─────────────────────

微分方程式
$$\frac{du}{dx} = 2u - u^2$$

を初期条件 $u(0) = 1$ のもとで解き，関数 $u = u(x)$ のグラフの概形を描け．

─────────────────────────

【**解　答**】
$$\frac{1}{u(2-u)} \frac{du}{dx} = 1$$

から

$$\int \frac{1}{u(2-u)} \frac{du}{dx} \, dx = \int \left(\frac{-1}{2} \right) \left(\frac{1}{u-2} - \frac{1}{u} \right) du = \int 1 \, dx$$

これを計算して $\log |u-2| - \log |u| = -2x + c$ より

$$\left| \frac{u-2}{u} \right| = e^c e^{-2x}$$

よって

$$\frac{u-2}{u} = \pm e^c e^{-2x} = c' e^{-2x}$$

条件 $u(0) = 1$ から $x = 0$ を代入して $-1/1 = c'$ を得る．よって，

$$u(x) = 2e^{2x}/(1 + e^{2x})$$

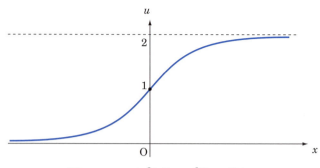

図 1.1　$u = 2e^{2x}/(1+e^{2x})$ のグラフ

注　上の例題ではさいわい範囲 $-\infty < x < \infty$ での解を得ることができた．しかし，初期条件の与え方によって，必ずしもそうならないこともある．もし，条件 $u(0) = -1$ を与えたら，解は

$$u(x) = \frac{-2}{3e^{-2x} - 1}$$

となり，$x \to (\log 3)/2 - 0$ のとき $u(x) \to -\infty$ となる．この解の存在範囲（定義域）は $(-\infty, (\log 3)/2)$ である．この解に対しては，$x \geqq (\log 3)/2$ でのことは考えないことにする．

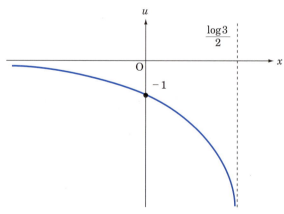

図 1.2　$u = -2/(3e^{-2x} - 1)$ のグラフ

1.2. 変数分離形方程式

7

┌ 例題 2 ─────────────────

微分方程式

$$\frac{du}{dx} = 4u - u^3$$

を初期条件 $u(0) = -1$ のもとで解き，関数 $u = u(x)$ のグラフの概形を描け.

【解　答】 変数分離形の方程式であるから前例題と同様に計算する.

$$\int \frac{1}{u\,(4 - u^2)}\,du = \int 1\,dx$$

$$\frac{1}{u\,(4 - u^2)} = \frac{1}{4}\left\{\frac{1}{u\,(2 - u)} + \frac{1}{u\,(2 + u)}\right\}$$

$$= \frac{1}{4}\left\{\frac{1}{2}\left(\frac{1}{u} + \frac{1}{2 - u}\right) + \frac{1}{2}\left(\frac{1}{u} - \frac{1}{2 + u}\right)\right\}$$

これより

$$\frac{1}{8}\int\left(\frac{2}{u} + \frac{1}{2 - u} - \frac{1}{2 + u}\right)du = x + c$$

$$2\log|u| - \log|u - 2| - \log|u + 2| = 8x + 8c$$

$$\log\frac{u^2}{|u^2 - 4|} = 8x + 8c$$

$$\frac{u^2}{u^2 - 4} = c'\,e^{8x} \quad (\text{ただし，}\ c' = \pm e^{8c})$$

初期条件より $-1/3 = c'$ だから

$$u(x)^2 = \frac{4e^{8x}}{3 + e^{8x}}$$

であるが，符号を吟味して $(u(0) = -1 < 0)$，次の解を得る.

$$u(x) = -2\sqrt{\frac{e^{8x}}{3 + e^{8x}}}$$

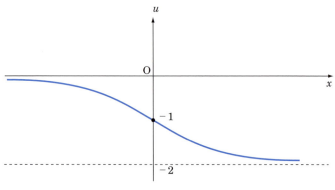

図 1.3 $u = -2\{e^{8x}/(3+e^{8x})\}^{1/2}$ のグラフ

問 5 次の微分方程式を与えられた初期条件のもとで解き，関数 $u = u(x)$ のグラフの概形を描け．
$$\frac{du}{dx} = 1 - u^2, \quad u(0) = 0$$

問 6 次の微分方程式を与えられた初期条件のもとで解き，関数 $u = u(x)$ のグラフの概形を描け．
$$\frac{du}{dx} = -2xu, \quad u(0) = 1$$

例題 3

次の微分方程式を与えられた初期条件のもとで解き，関数 $u = u(x)$ のグラフの概形を描け．
$$\frac{du}{dx} = \frac{u}{u^2 + 1}, \quad u(0) = 1$$

【解　答】 変数分離形の方程式であるから前例題と同様に計算する．

$$\int \frac{u^2 + 1}{u} \, du = \int 1 \, dx$$

より
$$\frac{u^2}{2} + \log|u| = x + c \tag{1.9}$$

初期条件より $c = 1/2$ である．さて，$x = 0$ で（初期条件 $u(0) = 1 > 0$ により）u は正の値をとるが，ある途中の x_0 の値で u が 0 にはなれない．なぜならば u は連続であり x が x_0 に近づくと (1.9) の左辺が $-\infty$ になってしまい矛盾であるからである．よって，u はつねに正である．

$$\frac{u^2}{2} + \log u = x + \frac{1}{2} \tag{1.10}$$

(1.10) の左辺は u に関して単調増加，右辺は x に関して単調増加で $x \to \pm\infty$ を考察すると

$$\lim_{x \to \infty} u(x) = \infty,$$
$$\lim_{x \to -\infty} u(x) = 0$$

となり，グラフの概形がわかる．

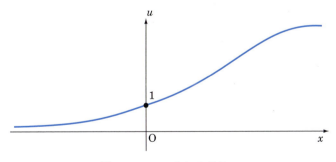

図 1.4 $u = u(x)$ のグラフ

■

注 (1.10) を "$u(x) =$" の形に式変形するのは難しい．この関係式が連続関数としての $u(x)$ をうまく定義することは逆関数定理と中間値の定理を用いてわかる．

10　　　　　　　　第 1 章　微分方程式入門

　単振動方程式の解の導出　ここで，前節の問の単振動の微分方程式 (1.5) を検討する．問では，$u(x) = a\cos\omega x + b\sin\omega x$ が微分方程式 (1.5) の解になっていることを示したが，ここでは逆に方程式 (1.5) から u を一般的に導いてみよう．両辺に du/dx を掛けて式変形すると

$$0 = \frac{du}{dx}\frac{d^2u}{dx^2} + \omega^2\frac{du}{dx}u = \frac{d}{dx}\left\{\frac{1}{2}\left(\frac{du}{dx}\right)^2 + \frac{1}{2}\omega^2u^2\right\}$$

を得るが，これから

$$\frac{1}{2}\left(\frac{du}{dx}\right)^2 + \frac{1}{2}\omega^2u^2 = c \quad (c : \text{非負定数})$$

とおける．よって，du/dx に関して解いて

$$\frac{du}{dx} = \pm\sqrt{2c - \omega^2u^2} \quad \Longrightarrow \quad \frac{1}{\sqrt{(2c/\omega^2) - u^2}}\frac{du}{dx} = \pm\omega$$

となり，これは変数分離形である．よって，前項で述べた方法でさらに前進できる．

$$\int \frac{1}{\sqrt{(2c/\omega^2) - u^2}}\,du = \pm\omega x + c_1$$

ここで，α を正定数として

$$\frac{d}{dz}\arcsin\left(\frac{z}{\alpha}\right) = \frac{1}{\sqrt{\alpha^2 - z^2}}$$

から得られる不定積分の公式

$$\int \frac{1}{\sqrt{\alpha^2 - z^2}}\,dz = \arcsin\left(\frac{z}{\alpha}\right) + \tilde{c} \quad (\tilde{c} : \text{積分定数})$$

を用いて $\alpha = \sqrt{2c}/\omega$ とおくと

$$\arcsin\left(\frac{u}{\sqrt{2c}/\omega}\right) = \pm\omega x + c_1$$

となり，これから $u(x)$ について解くと，次式を得る．

$$u(x) = \frac{\sqrt{2c}}{\omega}\sin\left(\pm\omega x + c_1\right)$$

1.2. 変数分離形方程式 11

$+, -$ いずれの場合にしても三角関数の加法定理で展開すれば

$$u(x) = a \cos \omega x + b \sin \omega x \quad (a, b : 定数)$$

を得る．また，

$$u(x) = \sqrt{a^2 + b^2} \sin(\omega x + \theta), \quad \theta = \arctan\left(\frac{a}{b}\right)$$

とも書ける．逆に，この $u(x)$ はいかなる定数 a, b に対しても方程式 (1.5) を満たすことはすでに示してあるので，以上の議論をまとめて，次の定理となる．

> **定理 4** $\omega > 0$ を定数とする．このとき，微分方程式
>
> $$\frac{d^2u}{dx^2} + \omega^2 u = 0 \quad (単振動方程式) \tag{1.11}$$
>
> の一般解は $u(x) = a \cos \omega x + b \sin \omega x$ の形で与えられる．ただし，a, b は任意定数．

注 物理では方程式 (1.5) は**単振動の方程式**とよばれ，バネで拘束されたおもりの振動とか，振り子の運動を表している．ただし，u は振動の変位，x は時間変数に対応する．確かに解 u の形をみると周期 $2\pi/\omega$（振動数はその逆数）の周期関数，すなわち $u(x + (2\pi/\omega)) = u(x)$ が成り立つ．この話題は 1.5 節で詳しく述べる．

方程式 (1.6) についてもほとんど同様の議論が適用されて次の定理を得る．

> **定理 5** $\omega > 0$ を定数とする．このとき，微分方程式
>
> $$\frac{d^2v}{dx^2} - \omega^2 v = 0 \tag{1.12}$$
>
> の一般解は $v(x) = a\, e^{\omega x} + b\, e^{-\omega x}$ の形で与えられる．ただし，a, b は任意定数．

問 7 この定理を示せ．ただし，次の不定積分の公式を使用することに注意．

$$\int \frac{1}{\sqrt{z^2 + \beta}}\, dz = \log|z + \sqrt{z^2 + \beta}| + \tilde{c} \quad (\tilde{c} : 積分定数)$$

12　　　　　　　　第 1 章　微分方程式入門

次の例題は，以上で扱ってきた方程式の範疇には属さないが適当な変換で，それらに帰着できる例である．

┌ 例題 6 ─────────────────────────────

次の微分方程式を解き，関数 $u = u(x)$ のグラフの概形を描け．

$$\frac{d^2u}{dx^2} + 2\frac{du}{dx} + 2u = 0, \quad u(0) = 1, \quad u'(0) = 0$$

───────────────────────────────────

【解　答】　このままでは既知の形になっていないので，次の変換を行う．関係式

$$u(x) = e^{\alpha x}v(x) \tag{1.13}$$

によって未知関数を u から v に変換して，v の満たす方程式を考える．ただし，α はパラメータであとで値を決めることにする．v に関する方程式を求めるため，(1.13) を微分して

$$u' = \alpha e^{\alpha x}v(x) + e^{\alpha x}v'(x),$$
$$u'' = \alpha^2 e^{\alpha x}v(x) + 2\alpha e^{\alpha x}v'(x) + e^{\alpha x}v''(x)$$

を得る．これを方程式に代入して整理すると

$$e^{\alpha x}v''(x) + 2(\alpha + 1)e^{\alpha x}v'(x) + (\alpha^2 + 2\alpha + 2)e^{\alpha x}v(x) = 0$$

となるが，つねに $e^{\alpha x} \neq 0$ であるから

$$v''(x) + 2(\alpha + 1)v'(x) + (\alpha^2 + 2\alpha + 2)v(x) = 0$$

を得る．ここで，もし第 2 項がなければ上で示した定理 4 あるいは定理 5 の形になることに気づく．よって $2(\alpha + 1) = 0$，すなわち $\alpha = -1$ とおいて

$$v''(x) + v(x) = 0$$

よって $\omega = 1$ として定理 4 をあてはめて

$$v(x) = a\cos x + b\sin x$$

1.2. 変数分離形方程式

を得る．ここで v に関する初期条件を求める．(1.13) と u に関する初期条件より

$$1 = e^0 v(0) = v(0),$$

$$0 = u'(0) = -e^0 v(0) + e^0 v'(0) v(0) = 1$$

より $v'(0) = 1$. これによって定数 a, b は $a = 1, b = 1$. ゆえに

$$v(x) = \cos x + \sin x$$

u に戻して

$$u(x) = e^{-x}(\cos x + \sin x)$$
$$= \sqrt{2} e^{-x} \sin\left(x + \frac{\pi}{4}\right)$$

となる．

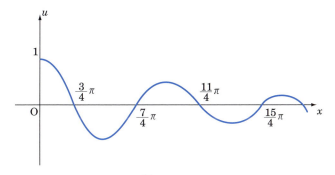

図 1.5　$u(x) = \sqrt{2} e^{-x} \sin(x + \pi/4)$ のグラフ

問 8 次の微分方程式を解き，関数 $v = v(x)$ のグラフの概形を描け．

$$\frac{d^2 v}{dx^2} - 2\frac{dv}{dx} + v = 0,$$

$$v(0) = 2,$$

$$v'(0) = 0$$

14   第 1 章　微分方程式入門

いままでは未知関数は一つであったが，二つの未知関数をもつ連立系の方程式を扱ってみよう.

― 例題 7 ―

次の微分方程式を解け.

$$\frac{du}{dx} + v = 0, \quad \frac{dv}{dx} - u = 0, \quad u(0) = 1, \quad v(0) = 0$$

【**解　答**】　第 1 式を微分して $u'' + v' = 0$ となるが第 2 式より $v' = u$ だから v' を消去して

$$\frac{d^2 u}{dx^2} + u = 0$$

を得る. 定理 4 を適用して $u(x) = a \cos x + b \sin x$. また，第 1 式と第 4 式から $u'(0) = 0$ だから，u に関する二つの初期条件を得る. これによって定数 a, b を定めて $a = 1, b = 0$ となり解は

$$u(x) = \cos x$$

第 1 式より

$$v(x) = \sin x$$

となる. ■

注　この問題は二つの未知関数をもつ連立方程式であるが，うまく一つを消去して単独方程式の問題に帰着できた. しかし，一般のもっと多くの未知関数をもつ連立方程式の場合はうまくいくとは限らない. 2 章においてはこのような連立方程式の場合について，行列の理論を用いて方程式を簡単な形にする一般論を行う.

問 9　例題 7 において，初期条件
$$u(0) = 0, \quad v(0) = 1$$
とした場合の解を求めよ.

1.3 定数変化法

(1.3) の微分方程式をあらためて考える.

$$\frac{du}{dx} + u = x \tag{1.14}$$

は単純な方程式であるが右辺に x の項があるため適当な変形によって変数分離形にすることができない. しかし**定数変化法**という考えでこの方程式を扱うことができる. 定数変化法のアイデアは次の通りである. もし右辺の x の項がなく 0 であれば, すなわち

$$\frac{dv}{dx} + v = 0$$

ならば, これは変数分離形であるから 1.2 節の方法で解は $v(x) = ce^{-x}$ の形となる. ここで, この v を少し改良して目的の方程式 (1.14) の解 u を求めることを考える. v の中の定数 c を適当な関数 $c(x)$ にとり替えて u にできるであろうか. すなわち, 解として $u(x) = c(x)e^{-x}$ 形のものを考える. これを方程式 (1.14) に代入すると

$$(c'(x)e^{-x} - c(x)e^{-x}) + c(x)e^{-x} = x$$

となるが, これを計算して

$$c'(x) = xe^x$$

という簡単な形を得る. これから不定積分によって $c(x) = \int xe^x\,dx = xe^x - \int e^x\,dx = (x-1)e^x + d$ (d : 任意定数) となり, もとの u に代入して $u(x) = x - 1 + de^{-x}$ を得る.

上で行った議論をもう少し一般の方程式にして, 汎用化してみよう.

$$\frac{du}{dx} + \alpha(x)u = g(x) \tag{1.15}$$

を考える. そして, 右辺を 0 とした方程式

$$\frac{dv}{dx} + \alpha(x)v = 0$$

を用意する. これは $(1/v)dv/dx = -\alpha(x)$ と変形してみると変数分離形となり, 解は x_0 を任意にとって固定し

16　　　　　　　第 1 章　微分方程式入門

$$v(x) = c \exp\left(-\int_{x_0}^x \alpha(y)\,dy\right)$$

である．ここで

$$\gamma(x) = \int_{x_0}^x \alpha(y)\,dy \tag{1.16}$$

として，(1.15) の解を

$$u(x) = c(x)\,e^{-\gamma(x)} \tag{1.17}$$

の形で求める．ここで，x_0 はどんな点でもよく，単に原始関数を一つ固定する目的のためとった．もちろん，別の原始関数でもよい．これを方程式に代入して

$$(c(x)e^{-\gamma(x)})' + \alpha c(x)e^{-\gamma(x)} = g(x)$$

から

$$c'(x)e^{-\gamma(x)} + (-\gamma(x))'c(x)e^{-\gamma(x)} + \alpha c(x)\,e^{-\gamma(x)} = g(x)$$

であるが $\gamma'(x) = \alpha(x)$ だから，方程式は

$$c'(x) = g(x)e^{\gamma(x)}$$

となる．これを積分して，

$$c(x) = c(x_0) + \int_{x_0}^x g(y)e^{\gamma(y)}\,dy$$

となり，$u(x_0) = c(x_0) = d$（定数）より，求める解は

$$u(x) = \left(d + \int_{x_0}^x g(y)e^{\gamma(y)}\,dy\right)e^{-\gamma(x)} \tag{1.18}$$

この場合は $u(x_0) = d$ を任意に値を指定して解をつくることができる．特に，$\alpha(x)$ が恒等的に定数 α のときは $\gamma(x) = \alpha(x - x_0)$ より適当に任意定数 c をおき直して

$$u(x) = ce^{-\alpha x} + \int_{x_0}^x g(y)e^{-\alpha(x-y)}\,dy \tag{1.19}$$

この方法を使ってみよう．

1.3. 定数変化法

17

┌─ 例題 8 ─────────────────────────────

次の微分方程式の解をすべて求めよ.

$$\frac{du}{dx} + u = \sin x$$

また，これらの解のうち周期関数となるのはどれか？ ただし，周期関数とはある定数 $T > 0$ があって $u(x+T) = u(x)$ $(x \in \mathbb{R})$ となるようなものである.

└────────────────────────────────────

【**解 答**】 (1.18) にあてはめる. $x_0 = 0$, $\alpha(x) = 1$, $g(x) = \sin x$ とおくと $\gamma(x) = x$ より

$$u(x) = u(0)e^{-x} + \left(\int_0^x e^y \sin y \, dy \right) \cdot e^{-x}$$

ここで，カッコの中の積分の部分を I として，部分積分をして

$$I = \left[e^y \sin y \right]_0^x - \int_0^x e^y \cos y \, dy$$

$$= e^x \sin x - \left(\left[e^y \cos y \right]_0^x - \int_0^x e^y (-\sin y) \, dy \right)$$

$$= e^x \sin x - e^x \cos x + 1 - I$$

よって $I = (e^x \sin x - e^x \cos x + 1)/2$ である. $u(0)$ を定数 d として代入して

$$u(x) = \frac{\sin x - \cos x}{2} + \left(d + \frac{1}{2} \right) e^{-x}$$

がすべての解である. また，周期関数になるのは $d = -1/2$ のときである. そうでなかったら $x \to -\infty$ のとき $|u(x)| \to \infty$ になってしまう. よって，求める周期解は $u(x) = (\sin x - \cos x)/2$ である. ∎

問 10 h を定数として，次の微分方程式の解を与えられた初期条件のもとで求めよ.

$$\frac{du}{dx} + h u = xe^x, \quad u(0) = 1$$

問 11 h, ω を定数として，次の微分方程式の一般解を求めよ.

$$\frac{du}{dx} + h u = \cos(\omega x)$$

18　　　　　　　第 1 章　微分方程式入門

　実際的な計算　上のような問題で，毎回，いちいち定数変化法のすべてのプロセスを繰り返すのは煩雑なので，よく理解したあとは，次のように計算するのもよいであろう．例として (1.3) の

$$\frac{du}{dx} + u = x$$

を扱う．まず，方程式を次のように変形できることに注意する．

$$e^{-x}\frac{d}{dx}\left(e^{x}u\right) = x$$

これより

$$\frac{d}{dx}\left(e^{x}u\right) = xe^{x}$$

となり，積分して

$$e^{x}u(x) = u(0) + \int_{0}^{x} ye^{y}\,dy$$

の形に移行して右辺を計算すればよい．一般の場合の方程式

$$\frac{du}{dx} + \alpha(x)\,u = g(x)$$

を扱う．これは (1.16) で導入した $\gamma(x) = \int_{x_0}^{x} \alpha(y)\,dy$ を用いて

$$e^{-\gamma(x)}\frac{d}{dx}\left(e^{\gamma(x)}u\right) = g(x)$$

と変形できる．ここで，カッコの中はちょうど (1.17) の $c(x)$ になることに気がつくであろう．定数変化法のアイデアは $c(x)$ に関する方程式が簡単になるということに着目した点にある．これによって

$$\frac{d}{dx}\left(e^{\gamma(x)}u\right) = g(x)e^{\gamma(x)} \tag{1.20}$$

を得て積分できることになる．

1.3. 定数変化法　　　　**19**

┌─ 例題 **9** ───────────────────────────
次の微分方程式の解を与えられた初期条件のもとで求めよ.

$$\frac{du}{dx} + \frac{1}{x}u = e^x, \quad u(1) = 0$$
└──────────────────────────────────

【**解　答**】　上の議論にあてはめて

$$x_0 = 1,$$
$$\alpha(x) = \frac{1}{x}$$

とすると

$$\gamma(x) = \log x$$

であるから方程式 (1.20) は

$$\frac{d}{dx}(xu) = xe^x$$

これより

$$xu(x) - u(1) = \int_1^x y\,e^y\,dy$$
$$= xe^x - e^x$$

よって

$$u(x) = \left(1 - \frac{1}{x}\right)e^x$$

■

問 12　次の微分方程式の解を与えられた初期条件のもとで求めよ.

$$\frac{du}{dx} - 2u = 1 + x + x^2, \quad u(0) = 1$$

20 第 1 章 微分方程式入門

1.4 定数係数 2 階線形方程式

次にあげるような定数係数の方程式は，前の節で使った計算法をさらに押し
進めることによって解を計算することができる．ここでは，次の (1.21) のよう
な特別な定数係数 2 階方程式のみを考える．一般の定数係数方程式については
2 章で扱う．

$$\frac{d^2u}{dx^2} + p\frac{du}{dx} + qu = 0 \quad (p, q : 定数) \tag{1.21}$$

まず，微分作用素の因数分解という考えを導入する．関数 u に対して導関数
du/dx を対応させる作用は微分とよばれているが，これを一般化した作用

$$u \quad \longmapsto \quad \left(\frac{d}{dx} - \alpha\right)u \equiv \frac{du}{dx} - \alpha u$$

を考える．これを **1 階の微分作用素**とよぶ．ただし α は定数．このような作用
素のいくつかの合成を用いて微分方程式を考えると便利なことが多い．まず次
の計算に注意する．α, β を定数として

$$\begin{aligned}
\left(\frac{d}{dx} - \alpha\right)\left(\frac{d}{dx} - \beta\right)u &= \left(\frac{d}{dx} - \alpha\right)\left(\frac{du}{dx} - \beta u\right) \\
&= \frac{d^2u}{dx^2} - \beta\frac{du}{dx} - \alpha\left(\frac{du}{dx} - \beta u\right) \\
&= \frac{d^2u}{dx^2} - (\alpha + \beta)\frac{du}{dx} + \alpha\beta u
\end{aligned} \tag{1.22}$$

この式の右辺をみると α, β を入れ換えても変わらない．よって，作用 $d/dx - \alpha$
と $d/dx - \beta$ を働かせる順番を変えても同じであることがわかる．さて，α, β
を選んで (1.22) を (1.21) の左辺の形にすることを考える．係数を比較して
$\alpha + \beta = -p, \alpha\beta = q$ とおくと，これは，解と係数の関係より α, β が 2 次方
程式

$$\tau^2 + p\tau + q = 0 \tag{1.23}$$

の解になっていることを示している．この方程式を (1.21) の**特性方程式**，その
解 α, β を**特性根**という．(1.21) の左辺のような形も u に（高階の）微分作用

1.4. 定数係数 2 階線形方程式

素が作用していると考えると，高階の微分作用素が 1 階の微分作用素に因数分解されたとみなすことができる．すなわち，方程式 (1.21) は

$$\left(\frac{d}{dx} - \alpha\right)\left(\frac{d}{dx} - \beta\right)u = 0 \tag{1.24}$$

となる．さて微分方程式 (1.24) を考えよう．新たに次の $w(x)$ を導入して式を書き直す．

$$w(x) = \left(\frac{d}{dx} - \beta\right)u(x) \tag{1.25}$$

を用いると (1.24) は

$$\left(\frac{d}{dx} - \alpha\right)w(x) = 0 \tag{1.26}$$

となる．この方程式 (1.26) については前節までに行ってきた計算で解を得ることができる．すなわち，その一般解は

$$w(x) = c\,e^{\alpha x}$$

と表せる．これを (1.25) に入れると u を求める方程式は

$$\left(\frac{d}{dx} - \beta\right)u(x) = c\,e^{\alpha x}$$

となる．この形の方程式についても 1.3 節において考えた (1.15) にあてはまるので定数変化法を用いて，その解を計算できる．具体的には式変形

$$e^{\beta x}\frac{d}{dx}\left(e^{-\beta x}u(x)\right) = c\,e^{\alpha x}$$

から

$$\frac{d}{dx}\left(e^{-\beta x}u(x)\right) = c\,e^{(\alpha - \beta)x}$$

となるから，両辺の積分を考えて

$$e^{-\beta x}u(x) - u(0) = c\int_0^x e^{(\alpha - \beta)y}dy$$

となる．ここで (i) $\alpha \neq \beta$, (ii) $\alpha = \beta$ に，場合分けして積分を実行する．

22　　　　　　　第 1 章　微分方程式入門

$u(0) = c'$　（定数）とする.

(i) $\alpha \neq \beta$ の場合

$$e^{-\beta x} u(x) = c' + c \, \frac{e^{(\alpha - \beta)x} - 1}{\alpha - \beta}$$

よって

$$u(x) = \frac{c}{\alpha - \beta} \, e^{\alpha x} + (c' - \frac{c}{\alpha - \beta}) \, e^{\beta x} \tag{1.27}$$

(ii) $\alpha = \beta$ の場合

$$e^{-\beta x} u(x) = c' + c \, x$$

$$u(x) = c' \, e^{\beta x} + c \, x \, e^{\beta x} \tag{1.28}$$

と計算でき，$u(x)$ の式を整理することによって，次の結果を得る.

命題 10　方程式 (1.24) の一般解は

$$u(x) = \begin{cases} c_1 e^{\alpha x} + c_2 e^{\beta x} & (\alpha \neq \beta \text{ のとき}) \\ c_1 e^{\alpha x} + c_2 x e^{\alpha x} & (\alpha = \beta \text{ のとき}) \end{cases} \tag{1.29}$$

で与えられる．ここで c_1, c_2 は任意定数である.

この結果を用いて例題を考えてみる.

例題 11

次の微分方程式の解を求めよ.

(1) $\dfrac{d^2 u}{dx^2} - \dfrac{du}{dx} - 2u = 0$,　$u(0) = 1$,　$u'(0) = 0$

(2) $\dfrac{d^2 u}{dx^2} - 2\dfrac{du}{dx} + 4u = 0$,　$u(0) = 1$,　$u'(0) = 0$

【解　答】　(1)　特性方程式 $\tau^2 - \tau - 2 = 0$ を解いて，特性根 $\alpha = 2, \beta = -1$ を得る．よって方程式は次のように変形できる.

1.4. 定数係数 2 階線形方程式

$$\left(\frac{d}{dx} + 1\right)\left(\frac{d}{dx} - 2\right)u = 0$$

よって，(1.27) を用いると一般解は

$$u(x) = c_1 e^{-x} + c_2 e^{2x}$$

初期条件から $c_1 + c_2 = 1, -c_1 + 2c_2 = 0$ より，$c_1 = 2/3, c_2 = 1/3$ となって

$$u(x) = \frac{2}{3}e^{-x} + \frac{1}{3}e^{2x}$$

(2) 特性方程式 $\tau^2 - 2\tau + 4 = 0$ を解いて，特性根 $\alpha = 1 + \sqrt{3}i, \beta = 1 - \sqrt{3}i$ を得る．これより，一般解は

$$u(x) = c_1 \exp(1 + \sqrt{3}i)x + c_2 \exp(1 - \sqrt{3}i)x$$

となる（複素数 z に対する $e^z = \exp(z)$ の定義については A.2 節に解説がある）．初期条件から

$$c_1 + c_2 = 1, \quad (1 + \sqrt{3}i)c_1 + (1 - \sqrt{3}i)c_2 = 0$$

より，$c_1 = (\sqrt{3} + i)/2\sqrt{3}$, $c_2 = (\sqrt{3} - i)/2\sqrt{3}$. よって，

$$u(x) = \frac{1}{2\sqrt{3}}\left\{(\sqrt{3} + i)\exp(1 + \sqrt{3}i)x + (\sqrt{3} - i)\exp(1 - \sqrt{3}i)x\right\}$$

これを変形して

$$u(x) = e^x\left(\cos\sqrt{3}x - \frac{1}{\sqrt{3}}\sin\sqrt{3}x\right) \qquad \blacksquare$$

問 13 次の微分方程式の解を与えられた初期条件のもとで求めよ．

$$\frac{d^2u}{dx^2} - 5\frac{du}{dx} + 6u = 0, \quad u(0) = u'(0) = 1$$

問 14 3 次多項式が次のように因数分解されているとする．

$$g(\tau) = \tau^3 + a_1\tau^2 + a_2\tau + a_3$$

$$= (\tau - \alpha_1)(\tau - \alpha_2)(\tau - \alpha_3)$$

ただし，a_1, a_2, a_3 は定数．このとき，3 階微分作用素について次の因数分

24   第 1 章　微分方程式入門

解が成立することを示せ.

$$\left(\frac{d^3}{dx^3} + a_1 \frac{d^2}{dx^2} + a_2 \frac{d}{dx} + a_3 \right) u$$

$$= \left(\frac{d}{dx} - \alpha_1 \right) \left(\frac{d}{dx} - \alpha_2 \right) \left(\frac{d}{dx} - \alpha_3 \right) u \tag{1.30}$$

この節の終わりに，定数係数の線形微分方程式を逐次的に解くために必要であった，微分作用素 $d/dx - \alpha$ の逆作用である $(d/dx - \alpha)^{-1}$ を公式の形に整理しておこう．関数 f にたいして方程式

$$\left(\frac{d}{dx} - \alpha \right) u(x) = f(x) \tag{1.31}$$

の解を対応させる公式は以下の通りである.

命題 11　方程式 (1.31) の一般解 u

$$u(x) = \left(\frac{d}{dx} - \alpha \right)^{-1} f = c\, e^{\alpha x} + \int_0^x e^{\alpha (x-y)} f(y) dy \tag{1.32}$$

である．ここで c は定数である.

┌─ 微分積分学の誕生 ─

微分積分学の誕生と発展は数学という 1 研究分野として，という以上に，自然科学の大いなる成長と飛躍といっていいのではないか．星の運行や地球上の自然現象がどのように起こっているのか．これは 2000 年前のアルキメデスの時代から人類の懸案の問題であり，それは思想や哲学にも本質的 な関わりをもち続けてきた．16～17 世紀に，ガリレオ・ガリレイ，チコ・ブラーエ，ケプラーなどにより物体の落下，天体運行の観測によって自然現象には，"法則" があるのではないかという考えが起こり，近代的な自然科学が成立していった．特に天体の運動については著しい知見（ケプラーの法則）が得られた．数学は，それらを明確に記述するためどうしても生まれ変わらなければならなかったのである．微分積分学は，ニュートン，ライプニッツらの天才によって創造されたが，背景にこのような強力な後押しがあったともいえる.

1.5 ニュートンの運動方程式

　物理現象の法則は，しばしば微分積分学の言葉で記述することによって微分
方程式の問題に帰着されるが，実はこの目的のために微分積分学が創始された
といっても過言ではない．物体の運動を定式化し，解析するため，まさに微分
積分学という数学の建設が必然であったのである．従って，微分方程式を学ぶ
にあたって，物体の運動などの物理現象の側面についても知ることが必要であ
り自然でもある．本節では，古典力学におけるニュートンの運動方程式を説明
し，それを適用していくつかの例を調べる．まず運動する点の「速度」，「加速
度」という量を導入する．空間を時間とともに運動する質点があるとし，時刻
t での点の位置を $\boldsymbol{u}(t) = (u_1(t), u_2(t), u_3(t)) \in \mathbb{R}^3$ とする．**速度ベクトル $\boldsymbol{v}$**
は，点の位置 $\boldsymbol{u}(t)$ の時間変化率，すなわち $\boldsymbol{u}$ の時間微分で定義される．

$$\boldsymbol{v} = \frac{d\boldsymbol{u}(t)}{dt}$$
$$= \left(\frac{du_1(t)}{dt}, \frac{du_2(t)}{dt}, \frac{du_3(t)}{dt} \right)$$

加速度ベクトル $\boldsymbol{a}$ は，速度ベクトルの時間微分である．

$$\boldsymbol{a} = \frac{d\boldsymbol{v}(t)}{dt}$$
$$= \left(\frac{d^2u_1(t)}{dt^2}, \frac{d^2u_2(t)}{dt^2}, \frac{d^2u_3(t)}{dt^2} \right)$$

　さて**ニュートンの運動方程式**は，この質点に働く外力とそれによって生じる加
速度の関係を与える法則である．すなわち，**外力**（ベクトル）を $\boldsymbol{f} = (f_1, f_2, f_3)$
として

$$m\boldsymbol{a} = \boldsymbol{f} \tag{1.33}$$

ただし，$m > 0$ は質点の質量．この法則は質点のみならず一般の物体の並進運
動にも適用できる．これによると物体は，外部から力を受けなければ加速度が 0

であり，すなわち速度が変化せず等速直線運動を行うことになる．これは**慣性の法則**とよばれるが，実際には地球上でこのようなことは起こり得ない．それは，つねに空気抵抗，重力，摩擦などの外力を受けているからである．また，この法則により物体はその**加速度**という部分を通して直接外部からの影響を受けながら運動をしていることがわかる．たとえば，時速 80 km の自動車をブレーキをかけて瞬間的に時速 40 km に速度を落とすことはできない．我々はブレーキを踏んで摩擦（マイナスの外力）を起こすのであるが，そのとき，速度を直接コントロールするわけではなく，直接制御されるのは加速度である．よって，加速度がマイナスになることにより（間接的に）速度が徐々に連続的に下がっていくのである．これが『車は急に止まれない』ことの説明である．また，加速度は位置あるいは物理的な状態の 2 階微分になるため 2 階微分方程式がよく現れるのである．

運動方程式を用いて，いくつかの代表的な運動をみてみよう．

(i) 　等加速度運動と放物運動　　空中に物体を放り投げると下向きの重力によってやがて落下する．この運動は地球の重力に支配されている．このとき，質量 m の物体に働く重力は mg という形になる．ただし，$g > 0$ は**重力加速度**とよばれる比例定数．さて，鉛直方向を x_3，水平方向を x_1, x_2 と座標をとり，物体の最初の位置を原点にとる．このとき，$\boldsymbol{f} = (0, 0, -mg)$ であるから，(1.33) は

$$m \left(\frac{d^2 u_1(t)}{dt^2}, \frac{d^2 u_2(t)}{dt^2}, \frac{d^2 u_3(t)}{dt^2} \right) = (0, 0, -mg)$$

となり u_1, u_2 は t の 1 次関数，u_3 は t の 2 次関数となる．初期条件を

$$(u_1(0), u_2(0), u_3(0)) = (0, 0, 0),$$

$$(u_1'(0), u_2'(0), u_3'(0)) = (v_1, v_2, v_3)$$

とすると

$$u_1(t) = v_1 t, \quad u_2(t) = v_2 t, \quad u_3(t) = v_3 t - \frac{1}{2} g t^2$$

が得られる．関数の形から，この運動は初期速度ベクトルと鉛直方向で生成される平面内を動き，軌道は放物線になることがわかる．

1.5. ニュートンの運動方程式

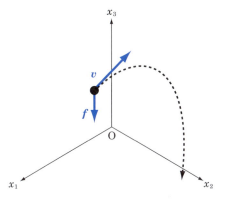

図 **1.6** 自由落下（放物運動）

(ii) **単振動** 滑らかな床の上で水平方向（u 軸方向）にバネにつながれた質量 M のおもりの運動を考える．バネを標準の位置から伸び縮みさせると反発してもとの状態に戻ろうとする．これによっておもりは左右に振動すると考えられる．ここで，バネはフックの法則を満たすと仮定する．すなわち，基準の位置からの変位 u の状態で $F = -Ku$ の反発力を発揮するとする．ただし，$K > 0$ は**バネ定数**とよばれる比例定数．

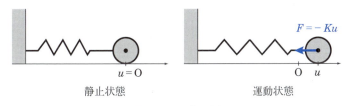

図 **1.7** バネの図

おもりの基準の位置を $u = 0$ にとり，時刻 t で運動方程式をたてると

$$M\frac{d^2u}{dt^2} = -Ku$$

となる．ここで $\omega = (K/M)^{1/2} > 0$ とおけば，これは定理 4 の方程式に一致する．よって任意の解は

$$u(t) = a\cos\omega t + b\sin\omega t$$

28　　　　　　　第 1 章　微分方程式入門

と表せる．初期条件を与えることにより定数 a, b を決めて運動を特定できる．たとえば，$t = 0$ でおもりを c だけプラス方向にずらし，静かに手を離す場合は

$$u(0) = c, \quad u'(0) = 0$$

が初期条件になるので実際条件を代入して $a = c, b = 0$ となり

$$u(t) = c \cos \omega t$$

が解となる．注意すべきことは，解は

$$u(t) = u\left(t + \frac{2\pi}{\omega}\right)$$

となり周期運動となることがわかる．また，その周期は $2\pi/\omega$ であり，これは初期条件の与え方（すなわち a, b の与え方）には依存せず，方程式のみで決まる．これは，ガリレオ・ガリレイによる振り子の等時性の法則とも密接な関係がある．

(iii)　空気抵抗のある自由落下　(i) においては一定の重力によって物体が加速されて落下していく現象を扱ったが，その場合，物体は際限なく加速して高速となってゆく．実際地球上の落下では速度ベクトルに関係する空気抵抗があり，それによって加速が抑制される効果が生じる．(i) と同じ座標を用いて議論する．速度ベクトル du/dt にたいして物体には $-K\,du/dt$ の抵抗力が生じるとする（仮説）．ここで $K > 0$ は定数とする．これによって方程式は

$$M\left(\frac{d^2u_1}{dt^2}, \frac{d^2u_2}{dt^2}, \frac{d^2u_3}{dt^2}\right) = (0, 0, -Mg) - K\left(\frac{du_1}{dt}, \frac{du_2}{dt}, \frac{du_3}{dt}\right)$$

さて $v_j = du_j/dt$ とおけば

$$M\frac{dv_j}{dt} = -K\,v_j \quad (j = 1, 2),$$

$$M\frac{dv_3}{dt} = M\,g - K\,v_3$$

となり，これも前節までの計算にあてはめて解けば

1.5. ニュートンの運動方程式

$$v_j(t) = v_j(0) \exp\left(-\frac{K}{M}t\right),$$

$$v_3(t) = v_3(0) \exp\left(-\frac{K}{M}t\right) + \frac{Mg}{K}\left(1 - \exp\left(-\frac{K}{M}t\right)\right)$$

十分時間が経過したとき速度 $v = (v_1, v_2, v_3)$ は $(0, 0, Mg/K)$ に収束する．これが終端速度とよばれるものである．人間が上空数千メートル（の飛行機）からスカイダイビングする例では時速 $200\,\mathrm{km}$ 程度となるといわれている．

振り子，自由落下の運動とガリレオ

　ガリレオ・ガリレイは寺院の天井から吊り下がるランプ燈の揺れを観察して，揺れの振幅の大きさが変わっても往復に要する時間（周期）が同じであることに気づいた．これが振り子の等時性の発見のエピソードである．その後，彼は同様の模型をつくって実験し，吊りひもの長さと周期の関係を調べ法則を導いた．ちなみに，振り子の運動の方程式は，単振動の方程式と近似的に同じものになる，よって本節 1.5 の単振動の話は等時性の説明になっている．また，ガリレオは落体の実験を行い物体が質量によらない運動経過をもつこと，位置が時間の 2 次関数になることを検証している．ガリレオの実験の記録をみると拙い印象をもつが，逆に，結果がわからない新しいことを始めることがいかに大変なのかがうかがえる．いずれにしてもなかなか答がわからないときは，"実物をよくみてねばる" ことが重要だ．

30　　　　　　　　　　　　第 1 章　微分方程式入門

1.6　微分方程式の解の存在について

いままでは，具体的な方程式のみを扱ってきたが，一般の (1.1) の方程式について何かいえるのだろうか.

$$\frac{du}{dx} = f(x, u) \tag{1.34}$$

いままでいくつかの例でみたように f や初期条件に依存して，様々なことが起こり得るので一般的には解について詳しいことは何も主張できない．しかし，初期条件を与えて解が局所的に存在することは一般的に主張できる．このことは，解の幾何的な考察をする上で重要なので，証明なしで結果だけを述べておく．証明の概略は付章（A.3 節，定理 8, 9）に与えてある．きちんとした証明の全貌を知りたい人は巻末の参考文献にあげた進んだ本で学ぶとよい.

f に対して次の条件を与える.

条件 (A)　$f = f(x, u)$ は $a < x < b,\ u \in \mathbb{R}$ の範囲で定義された連続関数で，任意の $\eta > 0$ に対し，ある定数 $M > 0$ が存在して

$$|f(x, u) - f(x, v)| \leqq M|u - v|$$
$$(a < x < b,\ u, v \in (-\eta, \eta)) \tag{1.35}$$

この条件は f が導関数まで連続な関数であれば成立する弱い条件である（成立しやすい）.

定理 12　上の条件 (A) のもとで，局所解の存在がいえる．すなわち，任意の $x_0 \in (a, b)$ と任意の $u_0 \in \mathbb{R}$ に対して，ある $\delta > 0$ があって，初期条件 $u(x_0) = u_0$ のもとで (1.34) の解 $u = u(x)$ が $x_0 - \delta < x < x_0 + \delta$ でただ一つ存在する（A.3 節定理 8 参照）.

この定理の主張では解の存在範囲が制限されている．どんな初期値のところからでも "ちょっと" 前進して解を延ばせるということを述べているにすぎない．一般に $\delta > 0$ は初期条件 $u(x_0) = u_0$ に依存する．解が局所的にしか存在しない例をあげてみよう.

1.6. 微分方程式の解の存在について

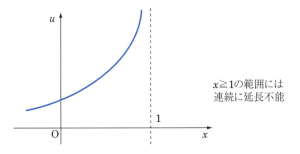

図 1.8 $u = 1/(1-x)$ のグラフ

$$\frac{du}{dx} = u^2, \quad u(0) = 1$$

これは変数分離形だから，いままでと同様に解いて $u(x) = 1/(1-x)$ となるが，x が初期条件の位置 0 から増加して 1 に近づくと $u(x) \to \infty$ となり，1 より先には解を連続には延長できない．

注 一般に (1.34) の方程式について，上の例のように x が，ある値に近づくときに，$u(x)$ が ∞ あるいは $-\infty$ に発散する "危険" がない限り，解はどんどん先に延長できることが知られている．

次に f の条件をもう少し強めて，解がいつも大域的に存在する状況を考える．

条件 (B) $f = f(x,u)$ が $a < x < b, u \in \mathbb{R}$ の範囲で定義された連続関数で，ある $M > 0$ が存在して

$$|f(x,u) - f(x,v)| \leq M|u-v| \qquad (1.36)$$
$$(a < x < b, \ u, v \in \mathbb{R} = (-\infty, \infty))$$

定理 13 上の条件 (B) のもとで，$a < x < b$ で解の存在がいえる．すなわち，任意の $x_0 \in (a,b)$ と任意の $u_0 \in \mathbb{R}$ に対して，初期条件 $u(x_0) = u_0$ のもとで (1.34) の解 $u = u(x)$ が $a < x < b$ でただ一つ存在する（A.3 節定理 9 参照）．

32　　　　　　　　　　第 1 章　微分方程式入門

> **命題 14**　$f(x,u)$ が $-\infty < x < \infty,\ -\infty < u < \infty$ で連続で u に関する偏導関数が存在して有界であるとする．すなわち，ある定数 $M > 0$ があって
> $$\left|\frac{\partial f(x,u)}{\partial u}\right| \leqq M, \quad (x,u) \in (-\infty,\infty) \times (-\infty,\infty)$$
> とする．このとき，f は $a = -\infty, b = \infty$ として条件 (B) を満たす．

証明　u 変数の方に平均値の定理を適用することを考える．任意の u, v に対し
$$f(x,u) - f(x,v) = \frac{\partial f}{\partial u}(x, \theta u + (1-\theta)v)(u - v)$$
となる $0 < \theta = \theta(x,u,v) < 1$ がある．右辺を絶対値で評価して仮定を適用して，条件 (B) を得る．■

この命題の条件を明らかに満たすような例として $f(x,u) = a(x)\,u$ があげられる．ただし，$a(x)$ は $\mathbb{R}$ 上の有界な連続関数．すなわち，$a(x)$ は連続であり，ある定数 $M > 0$（x によらない）があって $|a(x)| \leqq M$（$x \in \mathbb{R}$）となることである．これらの仮定より $\partial f(x,u)/\partial u = a(x)$ から命題 14 の条件がすぐ従う．

問 15　$f(u) = u^2$ は $a = -\infty, b = \infty$ として条件 (A) は満たすが，条件 (B) は満たさないことを示せ．また，$f(u) = \sin u$ ならどうかを考えよ．

> **定理 15（比較存在定理）**　条件 (A) のもとで，方程式 (1.34) に初期条件 $u(x_0) = c_1$ を課した解を $u_1 = u_1(x)$，初期条件 $u(x_0) = c_2$ を課した解を $u_2 = u_2(x)$ とする．$c_1 \leqq c_2$ ならば u_1, u_2 の双方が存在する範囲で $u_1(x) \leqq u_2(x)$ が成立する．

この定理の主張は二つの解がある点で大小関係があれば解の存在範囲全体で同じ大小関係が保たれ，途中で逆転することはないということである．このことは解の一意性などを用いて示すことができる．興味ある読者は証明を試みてみよ．

1.6. 微分方程式の解の存在について

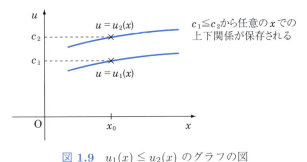

図 1.9 $u_1(x) \leqq u_2(x)$ のグラフの図

この定理の応用として次のような結果を示せる.

命題 16 方程式
$$\frac{du}{dx} = f(u) \tag{1.37}$$
を考える. ただし, f は u のみの関数 $f = f(u)$ で条件 (A) を満たし, さらに $\alpha < \beta$ かつ $f(\alpha) = f(\beta) = 0$ となる α, β があるとする. いま, 初期条件 $u(0) = u_0$ を課すが, $\alpha < u_0 < \beta$ であるとする. このとき, $u = u(x)$ は $(-\infty, \infty)$ 全体で存在し, そこで
$$\alpha < u(x) < \beta$$
が成立する.

証明の概要 まず, 二つの関数 $v_1(x) \equiv \alpha$, $v_2(x) \equiv \beta$ はともに (1.37) の解である. $x = x_0$ における初期条件について
$$v_1(x_0) = \alpha < u(x_0) < \beta = v_2(x_0)$$
であるから, 解 $u(x)$ の存在区間においてこの大小関係成立する. この不等式により u の存在区間内で u が ∞ や $-\infty$ に発散することはできない. 定理 12 のあとの注意より解が延長され定義域が $(-\infty, \infty)$ 全体になるのである. また, 大小関係も $(-\infty, \infty)$ 全体で成立する. ∎

34　　　　　　　　　第 1 章　微分方程式入門

1.7　解とそのグラフの幾何的な考察

　微分方程式の解の定性的な理解のしかたについて説明する．以下，方程式の f が x を含まない場合

$$\frac{du}{dx} = f(u) \tag{1.38}$$

を考える．ただし，f は前節の条件 (A) を満たすものとする．初期条件 $u(x_0) = u_0$ を与えて u の挙動を考えたいとき，もしこれが具体的に解けて解の関数 $u = u(x)$ が簡単な形になれば解がよく理解できたといえる．しかし，一般には $u(x)$ は複雑な関数形をしていて，それをみただけではグラフの概形などの様子をうまく調べられないことが多い．そもそも積分がうまくできないで u が解けないことも多い．そこで，方程式の性質から解の増減などのだいたいの定性的な様子や漸近挙動を理解することを試みる．(1.38) の左辺の du/dx は u の導関数であるから $f(u)$ の符号によって u の増加減少が決まっている．

　たとえば，例として

$$f(u) = (1+u)(1-u)$$

初期条件

$$u(0) = 0$$

の場合を考えよう．定理 12 より $x = 0$ の近くで局所解が一意に存在する．$u(0) = 0$ だから

$$f(u(0)) = 1 > 0$$

となり，連続性により $x = 0$ の近くで $du/dx > 0$ となり u は増加している．$x = 0$ から徐々に x を増加させていくと $f(u)$ の値が正のうちは u も増加している．x をますます増加させていき u の値が 1 に近づくと $f(u) = 1 - u^2$ が正の値のまま減少し 0 に収束する．よって，傾きが 0 に近づき，$u \equiv 1$ という直線に漸近してゆくことが考えられる．同様に $x = 0$ から x を減少させていくと $u \equiv -1$ に漸近することがわかる．これによって図のグラフを得る．

1.7. 解とそのグラフの幾何的な考察

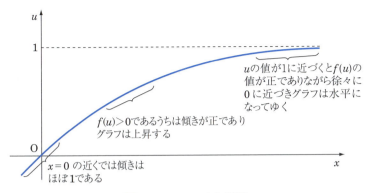

図 1.10　$u = u(x)$ 説明

同様な考察によって初期値 $u(0) = 2$ のとき $x \to \infty$ で u がどうなるか考えてみよ．

問 16　微分方程式
$$\frac{du}{dx} = \cos u$$
について初期条件
$$u(0) = 0, \quad u(0) = \pi$$
のそれぞれの場合で $\lim_{x \to \pm\infty} u(x)$ を考察せよ．

── 具体的に解けなくても … ──

　本節では微分方程式において，解を具体的に解かなくても連続性をたよりに，方程式の符号を考察することによって $x \to \infty$ の解の性質がわかった．これをさらに押し進めたものが力学系の考えである．連立の微分方程式の場合，解は一般の多次元の空間（相空間とよばれる）を走る軌道になるが，そのような軌道全体の様子を川の流れのように幾何的に捉えることによって解の挙動を考察するのである．それが力学系の考え方である．その際，不変集合とか安定性などの新しい概念が導入され応用される．数学においては，うまい視点からものをみるとか，巧みに変換して問題をわかりやすくするとか，新しい見方を導入するなどがよく行われる．柔軟な思考と姿勢を身につけたいものだ．

36　　　　　　　　　　第 1 章　微分方程式入門

████████████████ 演 習 問 題 ████████████████

1. 次の微分方程式の解を求めよ.

(1) $\dfrac{du}{dx} = 2u + 1,\ u(0) = 0$ 　　(2) $\dfrac{du}{dx} = 4u - u^2,\ u(0) = 1$

(3) $\dfrac{du}{dx} = \dfrac{1}{1+u}\ \ u(0) = 1$ 　　(4) $\dfrac{du}{dx} = u\log u,\ u(0) = 2$

2. 次の微分方程式の解を求め $x \geqq 0$ の範囲で解のグラフの概形を描け.

(1) $\dfrac{d^2u}{dx^2} + 4\dfrac{du}{dx} + u = 0,\ u(0) = 1,\ u'(0) = 0$

(2) $\dfrac{d^2u}{dx^2} + 2\dfrac{du}{dx} + 2u = 0,\ u(0) = 0,\ u'(0) = 1$

3. （ベルヌーイの微分方程式）　$a > b > 0,\ \alpha > 1$ を定数として，次の方程式を考える.

$$\frac{du}{dx} + a\,u = b\,u^{\alpha} \tag{*}$$

(1) $u = v^{1/(\alpha-1)}$ により未知関数を u から v に変換し v に関する微分方程式をつくれ.

(2) 初期条件 $u(0) = 1$ を課して上の方程式 $(*)$ の解 $u = u(x)$ を求めよ. さらに $\lim\limits_{x\to\infty} u(x)$ も考察せよ.

4. 次の微分方程式の解を求めよ. また，$\lim\limits_{x\to\infty} u(x)$ を考察せよ. ただし，m は自然数.

$$\frac{du}{dx} = u - u^{m+1},\ \ u(0) = \frac{1}{2}$$

5. 平面上に次のようなパラメータ表示された曲線 C がある.

$$C:\ x = \cos\theta + \theta\sin\theta,\quad y = \sin\theta - \theta\cos\theta \quad (\theta \geqq 0)$$

いま動点 P は $t = 0$ で C 上の点 $(1,0)$ を出発し，C 上を運動してゆく. ただし，P の速さはその時点での原点 O からの距離の逆数に比例するものとする（比例定数 d）. すなわち，$\boldsymbol{v} = d/\overline{\text{OP}}$ とする. このとき，時刻 t における P の原点からの距離を求め，さらに時刻 0 から時刻 t の間に移動した距離を求めよ.

第 2 章

線形微分方程式

　　線形微分方程式の解の一般的な構造について考える．また，定数係数の場合に具体的に解を計算する．

　線形微分方程式とは，微分方程式が未知関数やその導関数たちについて 1 次式の形になっているものをいう．1 章において扱った方程式の中には，線形のものも，そうでないものもあった．たとえば，次の (2.1),(2.2) の二つは u や du/dx, d^2u/dx^2, $\cdots$ などについて 1 次式であるため線形である．一方，(2.3) は u^2 の項のため線形ではない．

$$\frac{du}{dx} + p(x)\,u = 0 \tag{2.1}$$

$$\frac{d^2u}{dx^2} + q(x)\frac{du}{dx} + r(x)u = 0 \tag{2.2}$$

$$\frac{du}{dx} - u^2 = 0 \tag{2.3}$$

ただし，$p(x), q(x), r(x)$ は $\mathbb{R}$ 上の連続関数．

　問 1　方程式 (2.1) が二つの解 $u(x), v(x)$ をもつとき，任意の定数 c_1, c_2 に対して $w(x) = c_1 u(x) + c_2 v(x)$ も解になることを示せ．

　1 章においても一部登場したが，次のようなものも線形微分方程式である．未知関数は二つあり，これはいわゆる連立系になっているが，式自体は未知関数 u, v やその導関数たちに関して 1 次式になっているからである．

37

$$\begin{cases} \dfrac{du}{dx} + u + 2v = 1 \\[3mm] \dfrac{dv}{dx} - 2u + v = x \end{cases} \tag{2.4}$$

　以下，本章では高階線形微分方程式や連立系の線形微分方程式の一般論を扱い，解の構造を理解する．また，具体的な問題を考える際の方法を与える．

　線形微分方程式の解の構造は線形代数学における連立1次方程式との類似で考えると大変わかりやすい．本書では必ずしも前面に押し出して議論はしないが，線形代数で学ぶところの線形空間（ベクトル空間）や部分空間や基底や次元などの概念を理解していると大変有効であることを述べておきたい（付章にも簡単な解説があるので参考にするとよい）．

━━ 生物，生態における微分方程式 ━━━━━━━━━━━━

　粒子や物体の力学が微分方程式に関係しているのは1章でみた通りだが，生物が微分方程式に関係していると聞かされると意外な感じがするのではないだろうか．意志をもっている生物の個体が，質点の力学のような単純な方程式に従うとは確かに考えにくい．しかし，生物も非常に個体数が多くなって集団としての行動をする場合は，その統計的な量は微分方程式で記述できることがある．たとえば，単純な食物連鎖を考える．池に生息するA：植物プランクトン，B：動物プランクトン，という生態系を考える．このときA，Bがそれぞれ自己増殖し増加するほかに，AB間の相互作用がある．その仕組みによって，BがAを食べ増加する，Aは食べられ減少，次にBは食べ物が減って餓死して減少，その結果Aは食べられなくなって復活，…という具合にサイクルが続きそうである．イタリア人ボルテラは，このような現象を（非線形）微分方程式にモデル化して，解の挙動を調べた．この契機により生態現象の数理的な研究が始まった．実際の地球規模の生態現象には，非常に多くの種が存在し，それらの間の相互作用も複雑多岐である．さらに個体数密度は場所によって異なるので，それは時間変数のみならず，空間変数をもち方程式も偏微分方程式というものになり，簡単には解けないので難しい…

2.1 1階連立系の線形微分方程式

連立系　次のような二つの未知関数をもつ線形微分方程式を考える．一般の m 個の未知関数の連立方程式の場合も同様に扱うことができるが，式や記号の簡明のため，まず二つの場合で話を進めることにする．

$$\begin{cases} \dfrac{du_1}{dx} = a(x)u_1 + b(x)u_2 + f_1(x) \\[2mm] \dfrac{du_2}{dx} = c(x)u_1 + d(x)u_2 + f_2(x) \end{cases} \tag{2.5}$$

ただし，係数 $a(x)$, $b(x)$, $c(x)$, $d(x)$ および非斉次項 $f_1(x)$, $f_2(x)$ は $\mathbb{R}$ 上の連続関数とする．この方程式は行列とベクトルの演算を用いて簡潔に

$$\frac{d\boldsymbol{u}}{dx} = A(x)\boldsymbol{u} + \boldsymbol{f}(x) \tag{2.6}$$

と表すこともできる．ここでは，複数ある未知関数 u_1, u_2 をひとまとめにして縦ベクトル

$$\boldsymbol{u}(x) = \begin{bmatrix} u_1(x) \\ u_2(x) \end{bmatrix}$$

の形に表した．また，$A(x)$, $\boldsymbol{f}(x)$ は以下のように定められていて，それぞれ**係数行列**，**非斉次項**とよばれる．

$$A(x) = \begin{bmatrix} a(x) & b(x) \\ c(x) & d(x) \end{bmatrix}, \ \boldsymbol{f}(x) = \begin{bmatrix} f_1(x) \\ f_2(x) \end{bmatrix}$$

上のような $\boldsymbol{u}(x)$ や $\boldsymbol{f}(x)$ は，各 x に対しベクトルが対応するので**ベクトル値関数**とよばれる．また，$A(x)$ は各 x に対して行列をとるので行列値関数である．連立方程式の解は u_1, u_2 と別々に表すより，一つのベクトル値関数 $\boldsymbol{u}$ にまとめて表現する方が便利なことが多い．(2.6) の形を**ベクトル形の表示**という．

問 2　連立線形微分方程式 (2.4) をベクトル形に表したときの係数行列 $A(x)$，非斉次項 $\boldsymbol{f}(x)$ を求めよ．

斉次方程式　方程式 (2.5) で $f_1(x) \equiv 0$, $f_2(x) \equiv 0$ の場合，すなわち (2.6) で $\boldsymbol{f} \equiv \boldsymbol{0}$ とおいた

$$\frac{d\boldsymbol{u}}{dx} = A(x)\,\boldsymbol{u} \tag{2.7}$$

40　　　　　　　　　第 2 章　線形微分方程式

を**斉次**とか**斉次方程式**などとよぶ. そうでない一般の場合の (2.6) あるいは
(2.5) を**非斉次方程式**という. 斉次方程式は非斉次方程式を理解する上で重要で
ある. まず, 線形方程式であることを反映した次の性質に注目する.

命題 1（**重ね合わせ原理**）　斉次方程式 (2.7) が二つの解 $\boldsymbol{u} = \boldsymbol{u}(x)$,
$\boldsymbol{v} = \boldsymbol{v}(x)$（ベクトル値関数）をもつとする. このとき, c_1, c_2 を任意
の定数とすると, 次も解となる.
$$\boldsymbol{w}(x) = c_1 \boldsymbol{u}(x) + c_2 \boldsymbol{v}(x)$$

証明　c_1, c_2 が定数であるので, 微分や行列の演算の性質より
$$\frac{d}{dx}(c_1 \boldsymbol{u} + c_2 \boldsymbol{v}) = c_1 \frac{d\boldsymbol{u}}{dx} + c_2 \frac{d\boldsymbol{v}}{dx}$$
$$= c_1 A(x)\boldsymbol{u} + c_2 A(x)\boldsymbol{v} = A(x)(c_1 \boldsymbol{u} + c_2 \boldsymbol{v})$$

これより $d\boldsymbol{w}/dx = A(x)\,\boldsymbol{w}$ を得る. ■

注　$c_1 \boldsymbol{u} + c_2 \boldsymbol{v}$ の形のものを $\boldsymbol{u}, \boldsymbol{v}$ の**線形結合**という. また, 斉次方程式 (2.7) で
は, 恒等的に $\boldsymbol{0}$（ベクトル）という関数はつねに解になることも明らかである.

　まず解の一意存在定理を述べる. 1.6 節において単独の微分方程式に対して, 解
の存在定理を扱い, 線形方程式の場合は大域的に解が存在することを述べた. 一
般の線形連立方程式の場合でも事情は同じである. すなわち, 途中で解が無限大
に発散するというようなことは起こらず x に関して大域的に存在するのである.

定理 2（**解の一意存在定理**）　任意の $x_0 \in \mathbb{R}$ と任意のベクトル $\boldsymbol{p} = \begin{bmatrix} p_1 \\ p_2 \end{bmatrix} \in \mathbb{R}^2$ に対して, 初期条件 $\boldsymbol{u}(x_0) = \boldsymbol{p}$ を満たす (2.5) のただ一つの
解 $\boldsymbol{u}(x) = \begin{bmatrix} u_1(x) \\ u_2(x) \end{bmatrix}$ が $-\infty < x < \infty$ の範囲で存在する.

　この定理の証明の概要は, A.3 節定理 9 以下で与えた.

2.1. 1階連立系の線形微分方程式　　　**41**

斉次方程式の解の構造　定理 1, 2 を用いてまず斉次方程式の解の構造を調べ
る．方程式 (2.7) において，$x = x_0$ における初期条件として $\boldsymbol{e}^{(1)} = \begin{bmatrix} 1 \\ 0 \end{bmatrix}$ およ

び $\boldsymbol{e}^{(2)} = \begin{bmatrix} 0 \\ 1 \end{bmatrix}$ を課した解をそれぞれ $\boldsymbol{u}^{(1)} = \boldsymbol{u}^{(1)}(x)$, $\boldsymbol{u}^{(2)} = \boldsymbol{u}^{(2)}(x)$ とおく．
この二つを用いて一般の解を表すことを試みる．

いま (2.7) の任意の解 $\boldsymbol{u} = \boldsymbol{u}(x)$ をとる．ここで，$x = x_0$ での値を考える．

$\boldsymbol{u}(x_0) = \begin{bmatrix} c_1 \\ c_2 \end{bmatrix}$ とおくと，

$$\boldsymbol{u}(x_0) = c_1 \boldsymbol{e}^{(1)} + c_2 \boldsymbol{e}^{(2)}$$

となる．ここで，$c_1 \boldsymbol{u}^{(1)} + c_2 \boldsymbol{u}^{(2)}$ という関数を考えると，命題 1 より，これも
(2.7) の解であるが，初期条件は $\boldsymbol{u}$ のそれと一致している．よって，定理 2 の
解の一意性からすべての x で一致していなければならない．よって

$$\boldsymbol{u}(x) = c_1 \boldsymbol{u}^{(1)}(x) + c_2 \boldsymbol{u}^{(2)}(x) \tag{2.8}$$

が成立する．すなわち，(2.7) の解は上の形（$\boldsymbol{u}^{(1)}, \boldsymbol{u}^{(2)}$ の線形結合）で表せる
もので尽くされることになる．これによって，(2.7) の解全体（**解空間**）$\mathcal{S}$ は
二つの基本的なもので生成されることから 2 次元ということになる（正確にい
うと 2 次元の線形空間）．$\mathcal{S}$ は次のように表せる

$$\mathcal{S} = \{ c_1 \boldsymbol{u}^{(1)} + c_2 \boldsymbol{u}^{(2)} \mid c_1, c_2 \in \mathbb{R} \} \tag{2.9}$$

上のような議論の状況を具体例でみてみよう．1 章例題 7 において方程式

$$\frac{du_1}{dx} + u_2 = 0, \quad \frac{du_2}{dx} - u_1 = 0$$

の個別の初期値問題を考えたが，今度は解の全体を考えよう．$x_0 = 0$ として，

初期条件が $\boldsymbol{e}^{(1)} = \begin{bmatrix} 1 \\ 0 \end{bmatrix}$ および $\boldsymbol{e}^{(2)} = \begin{bmatrix} 0 \\ 1 \end{bmatrix}$ のそれぞれに対する解 $\boldsymbol{u}^{(1)}, \boldsymbol{u}^{(2)}$

42　　　　　　　　第 2 章　線形微分方程式

は 1 章例題 7 と問 9 で得られていた．実際

$$\boldsymbol{u}^{(1)}(x) = \begin{bmatrix} \cos x \\ \sin x \end{bmatrix}, \quad \boldsymbol{u}^{(2)}(x) = \begin{bmatrix} -\sin x \\ \cos x \end{bmatrix}$$

であった．よって (2.9) により，一般解は次のようになる．

$$\boldsymbol{u}(x) = c_1 \begin{bmatrix} \cos x \\ \sin x \end{bmatrix} + c_2 \begin{bmatrix} -\sin x \\ \cos x \end{bmatrix}$$

c_1, c_2 は自由に選べるから，解全体が 2 次元の広がりをもつことが実感できる．

問 3　1 階単独線形微分方程式

$$\frac{du}{dx} + a(x)\, u = 0 \quad (a(x) : \mathbb{R} \text{ 上で連続})$$

の解空間は 1 次元であることを確かめよ．

解の基本系　斉次方程式 (2.7) の解の構造 $\mathcal{S}$ を考える上で $\boldsymbol{u}^{(1)}, \boldsymbol{u}^{(2)}$ が重要な役割を演じた．このような $\mathcal{S}$ の基本となる解の族を**解の基本系**という．解の基本系をつくる上で x_0 においての条件として $\boldsymbol{e}^{(1)} = \begin{bmatrix} 1 \\ 0 \end{bmatrix}, \boldsymbol{e}^{(2)} = \begin{bmatrix} 0 \\ 1 \end{bmatrix}$ をとったが，必ずしもこのような特殊なとり方をしなくてもよい．初期条件として与えるベクトル $\boldsymbol{p}^{(1)}, \boldsymbol{p}^{(2)}$ は，その線形結合によって $\mathbb{R}^2$ の任意のベクトルを表すことができればよい．そのための必要十分条件は $\boldsymbol{p}^{(1)}, \boldsymbol{p}^{(2)}$ が線形独立であることである．これは $\boldsymbol{p}^{(1)}, \boldsymbol{p}^{(2)}$ を並べてできる行列 $[\boldsymbol{p}^{(1)} \ \ \boldsymbol{p}^{(2)}]$ が正則行列であることと同値である．すなわち

$$\boldsymbol{p}^{(1)} = \begin{bmatrix} p_{11} \\ p_{21} \end{bmatrix}, \quad \boldsymbol{p}^{(2)} = \begin{bmatrix} p_{12} \\ p_{22} \end{bmatrix}$$

とすれば

$$\det \begin{bmatrix} p_{11} & p_{12} \\ p_{21} & p_{22} \end{bmatrix} = p_{11}p_{22} - p_{21}p_{12} \neq 0 \tag{2.10}$$

ということである．

　この $x = x_0$ での初期条件の $\boldsymbol{p}^{(1)}, \boldsymbol{p}^{(2)}$ の線形独立性を仮定すると，任意の x において対応する二つの解の線形独立性が従う．実際，次の結果が成立する．

2.1. 1階連立系の線形微分方程式

> **定理 3** 条件 (2.10) のもとで初期条件 $\boldsymbol{u}^{(j)}(x_0) = \boldsymbol{p}^{(j)}$ $(j = 1, 2)$ を課した (2.7) の解を $\boldsymbol{u}^{(j)} = \boldsymbol{u}^{(j)}(x)$ とする. このとき, 任意の x に対して $\boldsymbol{u}^{(1)}(x), \boldsymbol{u}^{(2)}(x)$ は線形独立である. すなわち, $\boldsymbol{u}^{(1)}(x) = \begin{bmatrix} u_{11}(x) \\ u_{21}(x) \end{bmatrix}$,
>
> $\boldsymbol{u}^{(2)}(x) = \begin{bmatrix} u_{12}(x) \\ u_{22}(x) \end{bmatrix}$ とおいたとき
>
> $$\det(\boldsymbol{u}^{(1)}(x), \boldsymbol{u}^{(2)}(x)) = \det \begin{bmatrix} u_{11}(x) & u_{12}(x) \\ u_{21}(x) & u_{22}(x) \end{bmatrix} \neq 0 \quad (x \in \mathbb{R}) \tag{2.11}$$
>
> が成立する. このようにして得られる $\boldsymbol{u}^{(1)}(x), \boldsymbol{u}^{(2)}(x)$ を解の基本系という.

証明
$$T(x) = \det \begin{bmatrix} u_{11}(x) & u_{12}(x) \\ u_{21}(x) & u_{22}(x) \end{bmatrix}$$

とおく. これを x で微分する

$$\begin{aligned}
\frac{d}{dx} T(x) = & \left(\frac{d}{dx} u_{11}(x) \right) u_{22}(x) + u_{11}(x) \frac{d}{dx} u_{22}(x) \\
& - \left(\frac{d}{dx} u_{21}(x) \right) u_{12}(x) - u_{21}(x) \frac{d}{dx} u_{12}(x)
\end{aligned} \tag{2.12}$$

$\boldsymbol{u}^{(1)}(x)$ と $\boldsymbol{u}^{(2)}(x)$ がそれぞれ (2.7) の解であるから各 $j = 1, 2$ に対し

$$\begin{cases} \dfrac{du_{1j}}{dx} = a(x)\, u_{1j} + b(x)\, u_{2j} \\[2mm] \dfrac{du_{2j}}{dx} = c(x)\, u_{1j} + d(x)\, u_{2j} \end{cases}$$

が成り立つ. これを (2.12) に代入して計算すると

$$\begin{aligned}
\frac{d}{dx} T(x) &= (a(x) + d(x))(u_{11}(x)u_{22}(x) - u_{21}(x)u_{12}(x)) \\
&= (a(x) + d(x))\, T(x)
\end{aligned}$$

44 第 2 章 線形微分方程式

を得る. これは $T(x)$ に関する変数分離形の微分方程式であるから, 簡単に解けて

$$T(x) = T(x_0)\exp\left(\int_{x_0}^x (a(y) + d(y))\, dy\right)$$

を得るが, 仮定より, $T(x_0) = p_{11}p_{22} - p_{21}p_{12} \neq 0$ であったから $T(x) \neq 0$ $(x \in \mathbb{R})$ を得る. ∎

基本系行列　初期条件 $e^{(1)}, e^{(2)}$ から得られる解の基本系は大変重要なので以下でその性質をさらに調べておく.

$x = x_0$ における初期条件として $\boldsymbol{u}^{(1)}(x_0) = \boldsymbol{e}^{(1)}$, $\boldsymbol{u}^{(2)}(x_0) = \boldsymbol{e}^{(2)}$ とした (2.7) の解の基本系 $\boldsymbol{u}^{(1)}(x), \boldsymbol{u}^{(2)}(x)$ を成分表示する. $\boldsymbol{u}^{(1)}(x) = \begin{bmatrix} u_{11}(x) \\ u_{21}(x) \end{bmatrix}$, $\boldsymbol{u}^{(2)}(x) = \begin{bmatrix} u_{12}(x) \\ u_{22}(x) \end{bmatrix}$. これからつくられる行列

$$S(x, x_0) = [\boldsymbol{u}^{(1)}(x) \quad \boldsymbol{u}^{(2)}(x)] = \begin{bmatrix} u_{11}(x) & u_{12}(x) \\ u_{21}(x) & u_{22}(x) \end{bmatrix}$$

は, 定理 3 より任意の x で正則行列である. この行列を**基本系行列**という. ここで, 基本系行列 $S(x, x_0)$ は x とともに x_0 にも依存する行列であることに注意しよう. 行列 $S(x, x_0)$ の列ごとに, $\boldsymbol{u}^{(1)}, \boldsymbol{u}^{(2)}$ の方程式を用いることにより

$$\begin{cases} \dfrac{d}{dx} S(x, x_0) = A(x)\, S(x, x_0) & (x, x_0 \in \mathbb{R}) \\[2mm] S(x_0, x_0) = [\boldsymbol{e}^{(1)} \quad \boldsymbol{e}^{(2)}] = \begin{bmatrix} 1 & 0 \\ 0 & 1 \end{bmatrix} \end{cases} \tag{2.13}$$

を満たすことがわかる. (2.13) は行列 $S(x, x_0)$ が満たす式である. また, 斉次方程式 (2.7) の任意の解 $\boldsymbol{u} = \boldsymbol{u}(x)$ は, この基本系行列を用いると (適当に c_1, c_2 を選んで), 次のように表せる.

$$\boldsymbol{u}(x) = S(x, x_0) \begin{bmatrix} c_1 \\ c_2 \end{bmatrix} \tag{2.14}$$

さらに行列値関数 $S(x, y)$ $(x, y \in \mathbb{R})$ は次のような有用な性質をもつ.

2.1. 1階連立系の線形微分方程式 **45**

> **命題 4** $S(x,z) = S(x,y)\, S(y,z), \quad S(x,y)^{-1} = S(y,x)$
> $$(x,y,z \in \mathbb{R})$$
> (2.15)
>
> ただし, $S(x,y)^{-1}$ は $S(x,y)$ の逆行列.

証明 y, z を任意にとって固定し, x を動かして考える. 行列 $S(y,z)$ は x に依存しないので定数行列

$$S(y,z) = \begin{bmatrix} a & b \\ c & d \end{bmatrix}$$

とし, また

$$S(x,z) = [\boldsymbol{u}^{(1)}(x) \quad \boldsymbol{u}^{(2)}(x)], \quad S(x,y) = [\boldsymbol{v}^{(1)}(x) \quad \boldsymbol{v}^{(2)}(x)]$$

とおく. このとき, 行列の積 $S(x,y)\, S(y,z)$ を計算すると

$$S(x,y)\, S(y,z) = [\boldsymbol{v}^{(1)}(x) \quad \boldsymbol{v}^{(2)}(x)] \begin{bmatrix} a & b \\ c & d \end{bmatrix} \tag{2.16}$$

$$= [a\,\boldsymbol{v}^{(1)}(x) + c\,\boldsymbol{v}^{(2)}(x) \quad b\,\boldsymbol{v}^{(1)}(x) + d\,\boldsymbol{v}^{(2)}(x)]$$

となる. ここで, $a\boldsymbol{v}^{(1)}(x) + c\boldsymbol{v}^{(2)}(x)$, $b\boldsymbol{v}^{(1)}(x) + d\boldsymbol{v}^{(2)}(x)$ は, それぞれ (2.7) の解になっていることに注意する. (2.15) を示すため, 左辺と右辺の $x = y$ における値を比較する. $S(y,y)$ は単位行列だから, (2.16) を用いて

$$[\boldsymbol{u}^{(1)}(y) \quad \boldsymbol{u}^{(2)}(y)] = S(y,z) = S(y,y)\, S(y,z)$$

$$= [a\boldsymbol{v}^{(1)}(y) + c\boldsymbol{v}^{(2)}(y) \quad b\boldsymbol{v}^{(1)}(y) + d\boldsymbol{v}^{(2)}(y)]$$

これより $\boldsymbol{u}^{(1)}(x)$, $a\boldsymbol{v}^{(1)}(x) + c\boldsymbol{v}^{(2)}(x)$ は $x = y$ で一致するが, 双方 (2.7) の解だから解の一意性より, すべての x で一致し $\boldsymbol{u}^{(1)}(x) = a\boldsymbol{v}^{(1)}(x) + c\boldsymbol{v}^{(2)}(x)$ である. 同様の理由により $\boldsymbol{u}^{(2)}(x) = b\boldsymbol{v}^{(1)}(x) + d\boldsymbol{v}^{(2)}(x)$ も成立する. よって,

$$S(x,z) = [\boldsymbol{u}^{(1)}(x) \quad \boldsymbol{u}^{(2)}(x)] = [a\boldsymbol{v}^{(1)}(x) + c\boldsymbol{v}^{(2)}(x) \quad b\boldsymbol{v}^{(1)}(x) + d\boldsymbol{v}^{(2)}(x)]$$

$$= [\boldsymbol{v}^{(1)}(x) \quad \boldsymbol{v}^{(2)}(x)] \begin{bmatrix} a & b \\ c & d \end{bmatrix} = S(x,y) \begin{bmatrix} a & b \\ c & d \end{bmatrix} = S(x,y)\, S(y,z) \quad \blacksquare$$

46　　　　　　　第 2 章　線形微分方程式

これらの性質は，定数変化法（2.2 節）で利用される．

　非斉次方程式の解の構造　非斉次方程式 (2.6) の解の構造を考えよう．(2.6) の解を一つとって固定する．それを $v = v(x)$ とおく．この v とその他の任意の解 w との関係を考える．それぞれが解であることから

$$\frac{dw}{dx} = A(x)\,w + f(x), \quad \frac{dv}{dx} = A(x)\,v + f(x)$$

となり，辺々引き算をして

$$\frac{d}{dx}(w - v) = A(x)\,(w - v)$$

すなわち $w - v$ は斉次方程式 (2.7) の解になり，$w - v \in \mathcal{S}$ である．よって，(2.14) を利用することによって適当な定数 c_1, c_2 により

$$w(x) = v(x) + S(x, x_0) \begin{bmatrix} c_1 \\ c_2 \end{bmatrix} \tag{2.17}$$

となる．以上の要点をまとめておこう．

定理 5　v を (2.6) の一つの解とすると，(2.6) の他の任意の解 w は c_1, c_2 を適当に選んで (2.17) の形にかける．また，このようなもので尽くされる．

　ここで，v は固定されたもので，この式の中で c_1, c_2 が自由に選択可能である．このことから，非斉次方程式 (2.6) の解の全体は，斉次方程式と同様の 2 次元の広がりをもつ集合であることがわかる．

　上の定理で非斉次方程式 (2.6) の任意の解は，一つの特別な解と斉次方程式 (2.7) の一般解を用いて表せることがわかった．

　以上は一般論であり，斉次方程式や非斉次方程式の解の構造を特徴づけている．しかし，実際に非斉次方程式を解くには，一つの特解や斉次方程式の任意解が具体的にわかっている必要がある．一般にはいつも具体的には求められるわけではないが，定数係数方程式などの特別な場合には計算できる．それらは 2.5, 2.6 節で扱うことにする．

2.2 定数変化法

1章においても**定数変化法**は単独の線形の非斉次方程式の解をみつけるために応用された. 斉次方程式の任意定数を関数に替えて非斉次方程式の解をつくったわけであるが, 連立線形方程式の場合も, この方法が活用される.

以下, 非斉次方程式 (2.6) の解をつくることを考える. まず斉次方程式 (2.7) の一般解は

$$\boldsymbol{u}(x) = S(x, x_0) \begin{bmatrix} c_1 \\ c_2 \end{bmatrix}$$

であった. さて, この定数ベクトル

$$\begin{bmatrix} c_1 \\ c_2 \end{bmatrix}$$

をベクトル値関数

$$\boldsymbol{c}(x) = \begin{bmatrix} c_1(x) \\ c_2(x) \end{bmatrix}$$

にしたもの

$$\boldsymbol{v}(x) = S(x, x_0)\,\boldsymbol{c}(x) \tag{2.18}$$

が, (2.6) の解になるように $\boldsymbol{c}(x)$ を求めよう. (2.18) を微分して (2.13) を適用すると

$$\frac{d}{dx}\,\boldsymbol{v}(x) = \left(\frac{d}{dx}S(x, x_0)\right)\boldsymbol{c}(x) + S(x, x_0)\,\frac{d}{dx}\,\boldsymbol{c}(x)$$

$$= A(x)S(x, x_0)\boldsymbol{c}(x) + S(x, x_0)\frac{d}{dx}\,\boldsymbol{c}(x)$$

方程式から

$$\frac{d}{dx}\,\boldsymbol{v}(x) = A(x)\boldsymbol{v}(x) + \boldsymbol{f}(x)$$

$$= A(x)\,S(x, x_0)\,\boldsymbol{c}(x) + \boldsymbol{f}(x)$$

これを上式に代入して計算すると

48　　　　　　第 2 章　線形微分方程式

$$S(x, x_0) \frac{d}{dx} \boldsymbol{c}(x) = \boldsymbol{f}(x)$$

となる. ここで, $S(x, x_0)$ は逆行列 $S(x, x_0)^{-1}$ をもつから

$$\frac{d}{dx} \boldsymbol{c}(x) = S(x, x_0)^{-1} \boldsymbol{f}(x)$$

x を z とおいて, 両辺を z で x_0 から x まで積分して

$$\boldsymbol{c}(x) - \boldsymbol{c}(x_0) = \int_{x_0}^{x} S(z, x_0)^{-1} \boldsymbol{f}(z) \, dz$$

これを (2.18) に代入して

$$\boldsymbol{v}(x) = S(x, x_0) \, \boldsymbol{c}(x_0) + \int_{x_0}^{x} S(x, x_0) \, S(z, x_0)^{-1} \boldsymbol{f}(z) \, dz$$

を得る. $\boldsymbol{c}(x_0)$ は定数ベクトルだから

$$\begin{bmatrix} c_1 \\ c_2 \end{bmatrix}$$

とおく. また, 命題 4 より

$$S(x, x_0) \, S(z, x_0)^{-1} = S(x, z)$$

$$(x, x_0, z \in \mathbb{R})$$

であるから, 一般解の表示は次のようになる.

定理 6　非斉次方程式 (2.6) の一般解は

$$\boldsymbol{v}(x) = S(x, x_0) \begin{bmatrix} c_1 \\ c_2 \end{bmatrix} + \int_{x_0}^{x} S(x, z) \, \boldsymbol{f}(z) \, dz \qquad (2.19)$$

となる. ただし,

$$\begin{bmatrix} c_1 \\ c_2 \end{bmatrix} = \boldsymbol{v}(x_0).$$

2.2. 定数変化法　　　　　　　　　**49**

―― 例題 7 ――――――――――――――――――――――――――

次の方程式の解を求めよ.

$$\frac{du_1}{dx} + u_2 = 1, \quad \frac{du_2}{dx} - u_1 = x, \quad u_1(0) = 0, \quad u_2(0) = 0$$

―――――――――――――――――――――――――――――――――

【解　答】 $x_0 = 0$ として $S(x,z) = S(x,0)S(z,0)^{-1}$ の具体形を計算する.
前節の具体例の計算より

$$S(x,0) = [\boldsymbol{u}^{(1)}(x) \quad \boldsymbol{u}^{(2)}(x)] = \begin{bmatrix} \cos x & -\sin x \\ \sin x & \cos x \end{bmatrix}$$

であるから,

$$S(x,z) = \begin{bmatrix} \cos(x-z) & -\sin(x-z) \\ \sin(x-z) & \cos(x-z) \end{bmatrix}$$

となる. よって,

$$\boldsymbol{v}(x) = \begin{bmatrix} \cos x & -\sin x \\ \sin x & \cos x \end{bmatrix} \begin{bmatrix} u_1(0) \\ u_2(0) \end{bmatrix}$$

$$+ \int_0^x \begin{bmatrix} \cos(x-z) & -\sin(x-z) \\ \sin(x-z) & \cos(x-z) \end{bmatrix} \begin{bmatrix} 1 \\ z \end{bmatrix} dz$$

$$= \int_0^x \begin{bmatrix} \cos(x-z) - z\sin(x-z) \\ \sin(x-z) + z\cos(x-z) \end{bmatrix} dz$$

ここで

$$\int_0^x \cos(x-z)dz = \sin x, \quad \int_0^x \sin(x-z)\,dz = 1 - \cos x$$

$$\int_0^x z\cos(x-z)dz = 1 - \cos x, \quad \int_0^x z\sin(x-z)\,dz = x - \sin x$$

より, 解を得た.

$$\boldsymbol{v}(x) = \begin{bmatrix} u_1(x) \\ u_2(x) \end{bmatrix} = \begin{bmatrix} 2\sin x - x \\ 2 - 2\cos x \end{bmatrix}$$

50　　　　　　　　　第 2 章　線形微分方程式

2.3　2 階線形微分方程式

本節では次のような 2 階線形微分方程式を考える.

$$\frac{d^2u}{dx^2} + p(x)\frac{du}{dx} + q(x)u = f(x) \tag{2.20}$$

ただし, $p = p(x), q = q(x)$ は $\mathbb{R}$ 上の連続関数とする. (2.20) において $f(x) \equiv 0$ とおいた

$$\frac{d^2u}{dx^2} + p(x)\frac{du}{dx} + q(x)u = 0 \tag{2.21}$$

を**斉次方程式**, 一般の (2.20) を**非斉次方程式**という. 恒等的に 0 である関数は (2.21) を満たしている.

方程式 (2.20) は, 未知関数 u から $u_1 = u,\, u_2 = du/dx$ とおいて u_1, u_2 に関する方程式をつくってやると

$$\frac{d}{dx}u_1 = \frac{du}{dx} = u_2,$$

$$\frac{d}{dx}u_2 = \frac{d^2u}{dx^2} = -p(x)\frac{du}{dx} - q(x)u + f(x) = -p(x)u_2 - q(x)u_1 + f(x)$$

よって,

$$\frac{d}{dx}\begin{bmatrix} u_1 \\ u_2 \end{bmatrix} = \begin{bmatrix} 0 & 1 \\ -q(x) & -p(x) \end{bmatrix}\begin{bmatrix} u_1 \\ u_2 \end{bmatrix} + \begin{bmatrix} 0 \\ f(x) \end{bmatrix} \tag{2.22}$$

を得る. 斉次方程式 (2.21) の方は

$$\frac{d}{dx}\begin{bmatrix} u_1 \\ u_2 \end{bmatrix} = \begin{bmatrix} 0 & 1 \\ -q(x) & -p(x) \end{bmatrix}\begin{bmatrix} u_1 \\ u_2 \end{bmatrix} \tag{2.23}$$

となる. いずれにしても (2.22), (2.23) は, それぞれ (2.6), (2.7) の特別な場合になっている. よって, 2.2 節で得られた結果を, 読み替えて (2.20) に関するものに書き換えることができる.

定理 8　任意の $x_0 \in \mathbb{R},\, d_1, d_2 \in \mathbb{R}$ に対し, 方程式 (2.20) は初期条件 $u(x_0) = d_1,\, u'(x_0) = d_2$ を満たすただ一つの C^2–級の解 u をもつ.

証明　定理 2 から直接従う. ∎

2.3. 2 階線形微分方程式　　　　**51**

定理 9　二つのベクトル $\boldsymbol{p}^{(1)} = \begin{bmatrix} p_{11} \\ p_{21} \end{bmatrix}, \boldsymbol{p}^{(2)} = \begin{bmatrix} p_{12} \\ p_{22} \end{bmatrix}$ は条件

$$p_{11} \, p_{22} - p_{21} \, p_{12} \neq 0 \tag{2.24}$$

を満たすとする．また，それぞれ初期条件

$$\begin{bmatrix} u^{(1)} \\ du^{(1)}/dx \end{bmatrix}_{|x=x_0} = \boldsymbol{p}^{(1)}, \quad \begin{bmatrix} u^{(2)} \\ du^{(2)}/dx \end{bmatrix}_{|x=x_0} = \boldsymbol{p}^{(2)}$$

を満たす (2.21) の二つの解を $u^{(1)} = u^{(1)}(x)$ および $u^{(2)} = u^{(2)}(x)$ とする（前定理より存在）．このとき，任意の $x \in \mathbb{R}$ に対し，二つのベクトル

$$\begin{bmatrix} u^{(1)} \\ du^{(1)}/dx \end{bmatrix}, \quad \begin{bmatrix} u^{(2)} \\ du^{(2)}/dx \end{bmatrix}$$

は線形独立である．また，(2.21) の解全体 $\mathcal{S}'$ は

$$\mathcal{S}' = \{ c_1 u^{(1)} + c_2 u^{(2)} \mid c_1, c_2 \in \mathbb{R} \} \tag{2.25}$$

と表せる．

これにより (2.21) の解空間は 2 次元の集合であることがわかる．

問 4　定理 3 にならってこの定理を証明せよ．

前節と同様に，非斉次方程式 (2.20) の解の構造を特徴づけておく．

定理 10　(2.20) の解を一つとって $v = v(x)$ とする．(2.20) の任意の解 w は，c_1, c_2 を適当にとって

$$w(x) = v(x) + c_1 u^{(1)}(x) + c_2 u^{(2)}(x) \tag{2.26}$$

と表せる．

52　　第 2 章　線形微分方程式

2.4　1 階連立および高階の線形微分方程式

2.1 から 2.3 節において，二つの未知関数に関する 1 階連立微分方程式，および 2 階線形方程式を扱ったが，得られた結果と議論は，それぞれ一般の m 個の未知関数をもつ 1 階連立方程式と m 階単独線形方程式の場合に自然に一般化できる．本節では，それらの一般化された結果をまとめておく．

1 階連立線形微分方程式　未知関数 $u_1 = u_1(x), u_2 = u_2(x), \cdots, u_m = u_m(x)$ をもつ次の連立系の線形微分方程式を考える．

$$
\begin{cases}
\dfrac{du_1}{dx} = a_{11}(x)u_1 + a_{12}(x)u_2 + \cdots + a_{1m}(x)u_m + f_1(x) \\[2mm]
\dfrac{du_2}{dx} = a_{21}(x)u_1 + a_{22}(x)u_2 + \cdots + a_{2m}(x)u_m + f_2(x) \\[2mm]
\quad\cdots\cdots \\[2mm]
\dfrac{du_m}{dx} = a_{m1}(x)u_1 + a_{m2}(x)u_2 + \cdots + a_{mm}(x)u_m + f_m(x)
\end{cases}
\tag{2.27}
$$

ここで，係数 $a_{ij}(x)$ および非斉次項 $f_j(x)$ （$1 \leqq i, j \leqq m$）は $\mathbb{R}$ 上の連続関数とする．

これはベクトル形で

$$
\frac{d\boldsymbol{u}}{dx} = A(x)\boldsymbol{u} + \boldsymbol{f}(x), \quad \boldsymbol{u}(x) = \begin{bmatrix} u_1(x) \\ \vdots \\ u_m(x) \end{bmatrix}
\tag{2.28}
$$

と表せる．また，$A(x)$（係数行列），$\boldsymbol{f}(x)$（非斉次項）は

$$
A(x) = \begin{bmatrix} a_{11}(x) & \cdots & a_{1m}(x) \\ \vdots & \ddots & \vdots \\ a_{m1}(x) & \cdots & a_{mm}(x) \end{bmatrix}, \quad \boldsymbol{f}(x) = \begin{bmatrix} f_1(x) \\ \vdots \\ f_m(x) \end{bmatrix}
$$

である．前と同様に $\boldsymbol{f}(x) \equiv \boldsymbol{0}$ の場合，すなわち

$$
\frac{d\boldsymbol{u}}{dx} = A(x)\boldsymbol{u}
\tag{2.29}
$$

を**斉次方程式**，そうでない一般の場合 (2.28) を**非斉次方程式**という．

2.4. 1階連立および高階の線形微分方程式   **53**

問 5 斉次方程式 (2.29) の任意の l 個の解 $\boldsymbol{u}^{(1)}, \cdots, \boldsymbol{u}^{(l)}$ と定数 $c_1, \cdots, c_l$ に対して

$$\boldsymbol{w} = c_1 \boldsymbol{u}^{(1)} + \cdots + c_l \boldsymbol{u}^{(l)}$$

も同じ方程式の解となることを示せ.

注 $\boldsymbol{w}$ を $\boldsymbol{u}^{(1)}, \cdots, \boldsymbol{u}^{(l)}$ の線形結合あるいは 1 次結合という.

定理 11 任意の $x_0 \in \mathbb{R}$, $c_1, c_2, \cdots, c_m \in \mathbb{R}$ に対し, (2.28) は初期条件 $u_j(x_0) = c_j$ $(1 \leqq j \leqq m)$ を満たすただ 1 組の解 $(u_1(x), \cdots, u_m(x))$ をもつ.

注 上では $\mathbb{R}$ 全体で解を考えたが, もし係数 $a_{ij}(x)$, $a_j(x)$ が, 特定の区間 I のみで定義されている場合でも, $x_0 \in I$ で初期条件を与えて I 上の解を得ることができる.

上の定理において初期条件の定数 $c_1, c_2, \cdots, c_m$ は独立に自由に与えることができるので, 解には m 個の自由度があると思われる. 実際, 次の二つの定理でそれが示される.

定理 12 斉次方程式 (2.29) に初期条件 $\boldsymbol{u}(x_0) = \boldsymbol{e}_k$ を課した解を $\boldsymbol{u}^{(k)}$ とおく. ただし, $\boldsymbol{e}_k$ は第 k 成分が 1 でその他が 0 である $\mathbb{R}^m$ のベクトル. このとき, (2.29) の任意の解 $\boldsymbol{u}$ は

$$\boldsymbol{u} = c_1 \boldsymbol{u}^{(1)} + c_2 \boldsymbol{u}^{(2)} + \cdots + c_m \boldsymbol{u}^{(m)} \tag{2.30}$$

の形で与えられる. また, 各 $x \in \mathbb{R}$ について, m 個のベクトル $\boldsymbol{u}^{(1)}(x), \cdots, \boldsymbol{u}^{(m)}(x)$ は線形独立である.

上の定理の内容から斉次方程式 (2.29) の解全体 $\mathcal{S}$ は線形空間をなし, それは $\boldsymbol{u}^{(1)}, \boldsymbol{u}^{(2)}, \cdots, \boldsymbol{u}^{(m)}$ で生成される. 前と同様に基本系行列を

$$S(x, x_0) = [\boldsymbol{u}^{(1)}(x) \quad \cdots \quad \boldsymbol{u}^{(m)}(x)]$$

とおくと

54　　　　　　　　　　　第 2 章　線形微分方程式

$$
\mathcal{S} = \left\{ S(x, x_0) \begin{bmatrix} c_1 \\ \vdots \\ c_m \end{bmatrix} \;\middle|\; c_1, \cdots, c_m : 定数 \right\}
$$

と表すこともできる.

非斉次方程式

定理 13　v を (2.28) の一つの解とする. (2.28) の一般解 $w = w(x)$ は $c_1, \cdots, c_m$ を適当に選んで

$$
w = v + c_1 u^{(1)} + c_2 u^{(2)} + \cdots + c_m u^{(m)}
$$

の形にかける.
また, 定数変化法の議論も 2.2 節と同様に行われ, 一般解が

$$
u(x) = S(x, x_0) \begin{bmatrix} c_1 \\ \vdots \\ c_m \end{bmatrix} + \int_{x_0}^{x} S(x, z)\, f(z)\, dz
$$

として得られる.

---

m 階線形微分方程式　次に m 階線形微分方程式を考える.

$$
\frac{d^m u}{dx^m} + a_1(x) \frac{d^{m-1} u}{dx^{m-1}} + \cdots + a_{m-1}(x) \frac{du}{dx} + a_m(x) u = f(x) \tag{2.31}
$$

この場合も f が 0 の場合を**斉次方程式**, そうでない場合を**非斉次方程式**という. 方程式 (2.31) の未知関数 u から

$$
v_1 = u, \quad v_2 = \frac{du}{dx}, \quad v_3 = \frac{d^2 u}{dx^2}, \quad \cdots, \quad v_m = \frac{d^{m-1} u}{dx^{m-1}}
$$

をつくると, この関係式と u の方程式から $v_1, v_2, \cdots, v_m$ に関する方程式は

2.4. 1階連立および高階の線形微分方程式　　**55**

$$
\frac{d}{dx}
\begin{bmatrix} v_1 \\ v_2 \\ \vdots \\ v_m \end{bmatrix}
=
\begin{bmatrix}
0 & 1 & 0 & \cdots & 0 \\
0 & 0 & 1 & & 0 \\
\vdots & \vdots & \vdots & \ddots & \vdots \\
0 & 0 & 0 & & 1 \\
-a_m & -a_{m-1} & -a_2 & \cdots & -a_1
\end{bmatrix}
\begin{bmatrix} v_1 \\ v_2 \\ \vdots \\ v_m \end{bmatrix}
+
\begin{bmatrix} 0 \\ \vdots \\ 0 \\ f(x) \end{bmatrix}
\tag{2.32}
$$

となり (2.31) の形に帰着される．よって，(2.31) に関する結果を (2.31) に関するものに書き換えることができる．

> **定理 14**　任意の $x_0 \in \mathbb{R}$, $d_1, d_2, \cdots, d_m \in \mathbb{R}$ に対し，(2.31) は，初期条件 $u(x_0) = d_1$, $\dfrac{du}{dx}(x_0) = d_2, \cdots, \dfrac{d^{m-1}u}{dx^{m-1}}(x_0) = d_m$ を満たすただ一つの C^m- 級の解 u をもつ．

定理 13 と同様に非斉次方程式 (2.31) の任意の解は特定の解に斉次方程式 ($f \equiv 0$) の解をいろいろつけ加えてできる．

─ 記号のおかげで… ───

　本節では行列を導入して連立微分方程式を単純に記述した．行列は 19 世紀にケーリーが考案したものであり，微分積分よりずっと新しい．それは単にものを単純に記述できて便利というばかりではなく，さらに行列全体とか，行列を作用としてみなすなどの大域的な考えを自然に導いていてすばらしい効果がある．よい記号は，思考を容易にし，アイデアを生む力になる．現在，微分積分学で使われている記号はニュートンではなく，ライプニッツによって考案されたものといわれているが，それが非常に巧みであったため学びやすく広く使われ後継者を生んだといわれる．筆者は，学生のときに連立 1 次方程式を解いたときに，特に意識しないで式変形をしているだけなのになぜ答がでるのだろうか，誰が考えているのだろうか，と思ったことがある．また，数学の式も紙の上にあるのか人間の脳の中にあるのか，と考えときどき不思議な気分になる．とにかく数学記号は偉い！

56　　　　　　　　　　第 2 章　線形微分方程式

2.5　定数係数高階線形微分方程式

　本節と次節で定数係数方程式の具体的な解法を議論する．変数係数の方程式
の場合は，一般論として解の構造を議論することはできた（斉次，非斉次方程
式の関係，解空間の次元等）が，具体的な解の計算までなかなか至らなかった．
定数係数の方程式の場合は解が，多項式，三角関数，指数，対数関数等の初等
関数などを用いて詳しい計算できることが多い．

　方程式の因数分解　まず，次の方程式を考える．

$$\frac{d^m u}{dx^m} + a_1 \frac{d^{m-1}u}{dx^{m-1}} + \cdots + a_{m-1}\frac{du}{dx} + a_m u = f(x) \tag{2.33}$$

1 章 1.4 節にならって，この方程式の特性多項式を次のようにおく．

$$g(\tau) = \tau^m + a_1 \tau^{m-1} + \cdots + a_{m-1}\tau + a_m$$
$$(a_1, a_2, \cdots, a_m \in \mathbb{C}) \tag{2.34}$$

$g(\tau) = 0$ を**特性方程式**といい，その解 τ を**特性根**という．$g(\tau)$ は次のように
1 次式の積に分解できるとする：

$$g(\tau) = (\tau - \alpha_1)(\tau - \alpha_2)\cdots(\tau - \alpha_m)$$

代数学の基本定理により，これは実際に可能である．また，$\alpha_1, \alpha_2, \cdots, \alpha_m \in \mathbb{C}$
の中には等しいものもあり得る．等しいものどうしをまとめて

$$g(\tau) = (\tau - \beta_1)^{r_1}(\tau - \beta_2)^{r_2}\cdots(\tau - \beta_l)^{r_l}$$

とする．ただし $\beta_1, \cdots, \beta_l$ はすべて異なり $r_1 + \cdots + r_l = m$, $\beta_k \neq \beta_j$. この
とき，方程式 (2.33) は

$$\left(\frac{d}{dx} - \beta_1\right)^{r_1}\left(\frac{d}{dx} - \beta_2\right)^{r_2}\cdots\left(\frac{d}{dx} - \beta_l\right)^{r_l} u = f(x) \tag{2.35}$$

と書き直される．ここで，斉次方程式は

$$\left(\frac{d}{dx} - \beta_1\right)^{r_1}\left(\frac{d}{dx} - \beta_2\right)^{r_2}\cdots\left(\frac{d}{dx} - \beta_l\right)^{r_l} u = 0 \tag{2.36}$$

　注　(2.35) や (2.36) は，微分作用素の因子の並べる順序によらず方程式は同一で
あることに注意．

2.5. 定数係数高階線形微分方程式

57

問 6 方程式 $d^m u/dx^m = 0$ の解は高々 $(m-1)$ 次多項式

$$u(x) = c_1 x^{m-1} + c_2 x^{m-2} + \cdots + c_{m-1} x + c_m$$

$(c_1, c_2, \cdots, c_m : 任意定数)$ であることを示せ.

問 7 3 階の微分方程式

$$\left(\frac{d^3}{dx^3} - 4\frac{d^2}{dx^2} + 5\frac{d}{dx} - 2 \right) u = 0$$

について, 微分作用素を因数分解した形にせよ.

方程式 (2.35) を一般的に扱う前に, まず特別な方程式を扱い方法の概要をつかむことにしよう.

2 階方程式 1 章で 2 階線形の斉次方程式 (1.4 節 (1.24)) の一般解を与えたが, ここでは非斉次方程式を考える. ただし以下では $\alpha \neq \beta$ の場合を扱う. 方程式

$$\left(\frac{d}{dx} - \alpha \right) \left(\frac{d}{dx} - \beta \right) u = f(x) \quad (\alpha \neq \beta) \tag{2.37}$$

の解を求めるには 1.4 節で得られた作用 $(d/dx - \alpha)^{-1}$ を (2.37) に適用し, 次に $(d/dx - \beta)^{-1}$ を作用させる. 1 章 命題 11 を適用すると

$$\left(\frac{d}{dx} - \beta \right) u = c\, e^{\alpha x} + \int_0^x e^{\alpha(x-y)} f(y)\, dy$$

となる. もう一度適用して

$$u(x) = c' e^{\beta x} + \int_0^x e^{\beta(x-z)} \left(c e^{\alpha z} + \int_0^z e^{\alpha(z-y)} f(y)\, dy \right) dz$$

$$= c' e^{\beta x} + \frac{c}{\alpha - \beta}(e^{\alpha x} - e^{\beta x}) + \int_0^x \left(\int_0^z e^{\beta(x-z)} e^{\alpha(z-y)} f(y)\, dy \right) dz$$

逐次積分の積分順序交換によって, この式の第 3 項は

$$\int_0^x \left(\int_y^x e^{\beta(x-z)} e^{\alpha(z-y)} dz \right) f(y)\, dy$$

$$= \int_0^x \frac{1}{\alpha - \beta}(e^{\alpha(x-y)} - e^{\beta(x-y)}) f(y)\, dy$$

となる. よって, 定数を $c_1 = c/(\alpha - \beta)$, $c_2 = c' - c/(\alpha - \beta)$ とおき換えて, まとめることによって次の定理を得る.

58　　　　　　　　　第 2 章　線形微分方程式

> **定理 15**　$\alpha \neq \beta$ を仮定する．このとき (2.37) の一般解は
>
> $$u(x) = c_1 e^{\alpha x} + c_2 e^{\beta x} + \frac{1}{\alpha - \beta} \int_0^x (e^{\alpha(x-y)} - e^{\beta(x-y)}) f(y)\, dy \quad (2.38)$$
>
> で与えられる．

注意　この式は 1 章 (1.27) の一般化になっていることに注意．定理 15 の公式は $\alpha \neq \beta$ の場合であったが，$\alpha = \beta$ の場合はどうなるか各自試みてみよ．

　問 8　次の方程式を解け．

$$\frac{d^2 u}{dx^2} - 2\frac{du}{dx} - 3u = x^2 - x, \ \ u(0) = 1, \ u'(0) = 0$$

特殊な形の r 階方程式　高階方程式を扱うためまず次の方程式を考える．

$$\left(\frac{d}{dx} - \alpha\right)^r u = f(x) \tag{2.39}$$

まず任意の関数 v に対し，次の等式に注意する．

$$\left(\frac{d}{dx} - \alpha\right) v = e^{\alpha x} \frac{d}{dx}(e^{-\alpha x} v) \tag{2.40}$$

この式を自分自身を使って繰り返し変形すると

$$\left(\frac{d}{dx} - \alpha\right)^r v = e^{\alpha x} \frac{d^r}{dx^r}(e^{-\alpha x} v)$$

となる．この公式を使って方程式 (2.39) は

$$\frac{d^r}{dx^r}(e^{-\alpha x} u) = e^{-\alpha x} f(x)$$

と変形できる．この式の両辺で定積分を r 回繰り返して

$$e^{-\alpha x} u(x)$$

$$= \sum_{k=0}^{r-1} c_k\, x^k + \int_0^x \int_0^{x_{r-1}} \cdots \int_0^{x_2} \int_0^{x_1} e^{-\alpha y}\, f(y)\, dy\, dx_1 \cdots dx_{r-1}$$

となる．

2.5. 定数係数高階線形微分方程式　　59

さて，逐次積分の積分順序の交換を繰り返しながらこの式を変形してゆく．

さて任意の関数 $h(x)$ に対し逐次積分の順序交換によって

$$\int_0^{x_2} \int_0^{x_1} h(y)\,dy\,dx_1 = \int_0^{x_2} \int_y^{x_2} h(y)\,dx_1\,dy$$

$$= \int_0^{x_2} (x_2 - y)h(y)\,dy$$

であることに注意する．また，さらにこれを使って

$$\int_0^{x_3} \left(\int_0^{x_2} \int_0^{x_1} h(y)\,dy\,dx_1 \right) dx_2$$

$$= \int_0^{x_3} \int_0^{x_2} (x_2 - y)h(y)\,dy\,dx_2$$

$$= \int_0^{x_3} \int_y^{x_3} (x_2 - y)h(y)\,dx_2\,dy$$

$$= \int_0^{x_3} \frac{1}{2}(x_3 - y)^2 h(y)\,dy$$

これを次々繰り返して公式

$$\int_0^x \int_0^{x_{r-1}} \cdots \int_0^{x_2} \int_0^{x_1} h(y)\,dy\,dx_1 \cdots dx_{r-1}$$

$$= \int_0^x \frac{1}{(r-1)!}(x - y)^{r-1}\, h(y)\,dy$$

を得る．これによって

$$h(y) = e^{-\alpha y}\, f(y)$$

として上の公式を使い $u(x)$ を計算して次の結果が示される．

60　　　　　第 2 章　線形微分方程式

定理 16　(2.39) の一般解 u は $c_0, c_1, \cdots, c_{r-1}$ を任意定数として

$$u(x) = \sum_{k=0}^{r-1} c_k\, x^k e^{\alpha x} + \int_0^x \frac{1}{(r-1)!} (x-y)^{r-1}\, e^{\alpha(x-y)}\, f(y)\, dy$$

$$(2.41)$$

で与えられる．特に $f(x) \equiv 0$（斉次方程式）の一般解は

$$u(x) = \sum_{k=0}^{r-1} c_k\, x^k e^{\alpha x} \tag{2.42}$$

また，$G(x) = \frac{1}{(r-1)!} x^{r-1}\, e^{\alpha x}$ とおくと (2.39) の一つの特解として

$$u_*(x) = \int_0^x G(x-y) f(y)\, dy \tag{2.43}$$

を得る．

問 9　次の方程式の一般解を求めよ．

$$\frac{d^3 u}{dx^3} + 3\frac{d^2 u}{dx^2} + 3\frac{du}{dx} + u = x$$

一般の斉次方程式　(2.36) の解全体（解空間）$\mathcal{S}$ を考える．まず，任意の $1 \leqq j \leqq l$ に対して斉次方程式

$$\left(\frac{d}{dx} - \beta_j \right)^{r_j} u = 0 \tag{2.44}$$

の解全体を $\mathcal{S}_j$ とすると，これは定理 16 の (2.42) を適用して得られるが，それは同時に方程式 (2.36) の解にもなっている（$\mathcal{S}_j \subset \mathcal{S}$）．(2.36) が線形方程式であることから各 j について $\mathcal{S}_j$ から任意の u_j を選んで

$$u = u_1 + u_2 + \cdots + u_l \quad (u_j \in \mathcal{S}_j) \tag{2.45}$$

とおくと u も (2.36) の解となる．逆に，(2.36) の任意の解は (2.45) の形に表されるであろうか．実はこれが正しいことが示される．

2.5. 定数係数高階線形微分方程式

定理 17 (2.36) のすべての解は (2.45) の形にかける. すなわち,

$$u(x) = \sum_{k=1}^{l} \sum_{s=0}^{r_k-1} c_{k,s} x^s e^{\beta_k x} \quad (c_{k,s} : 定数) \tag{2.46}$$

と表せる. 逆に, この形のものは (2.36) の解になる.

証明 方程式の解空間の次元を比較することによって示す. 定理 12 より (2.36) の解空間は m 次元であることがわかっている. 一方 (2.36) の形に表れる $m = r_1 + r_2 + \cdots + r_l$ 個の解の組 $x^s e^{\beta_k x}$ $(0 \leq s \leq r_k - 1, 1 \leq k \leq l)$ は線形独立であるから (付章 A.4 節命題 10 参照), これら m 個の関数たちの線形結合, すなわち (2.46) で表されるもの全体が解空間 $\mathcal{S}$ を尽くしてしまうことがわかる. ∎

合成積 あとの計算の便利のため, 関数の**合成積**という演算を定める.

定義 (合成積) 関数 $H_1 = H_1(x)$, $H_2 = H_2(x)$ に対して合成積 $(H_1 * H_2)(x)$ を次のように導入する.

$$(H_1 * H_2)(x) = \int_0^x H_1(x-y)\, H_2(y)\, dy$$

この合成積は次のような性質をもつことが簡単に確かめられる.

(1) $H_1 * H_2 = H_2 * H_1$

(2) $(H_1 * H_2) * H_3 = H_1 * (H_2 * H_3)$

この (2) の性質により, これを $H_1 * H_2 * H_3$ と表してもよい. 四つ以上の関数の合成積も同じである.

問 10 上の性質 (1), (2) を確かめよ.

問 11 $T_1(x) = e^{\alpha x}$, $T_2(x) = e^{\beta x}$ $(\alpha \neq \beta)$ ならば

$$(T_1 * T_2)(x) = \frac{e^{\alpha x} - e^{\beta x}}{\alpha - \beta} \tag{2.47}$$

であることを示せ.

62　　　　　　　　　第 2 章　線形微分方程式

非斉次方程式の解の構成　下にもう一度記述するが (2.35) の特解の構成法を考える.

$$\left(\frac{d}{dx} - \beta_1\right)^{r_1} \left(\frac{d}{dx} - \beta_2\right)^{r_2} \cdots \left(\frac{d}{dx} - \beta_l\right)^{r_l} u = f(x) \qquad (2.35)$$

を解くには両辺に

$$\left(\frac{d}{dx} - \beta_1\right)^{r_1} \text{の逆作用}, \ \left(\frac{d}{dx} - \beta_2\right)^{r_2} \text{の逆作用}, \ \cdots, \ \left(\frac{d}{dx} - \beta_l\right)^{r_l}$$

の逆作用を施せばよい. ところで, 方程式 (2.39) を解いた議論と定理 16 を利用すると,

$$\left(\frac{d}{dx} - \beta_j\right)^{r_j}$$

の逆作用を行って (2.39) の特解を求めることは関数

$$G_j(x) = \frac{1}{(r_j - 1)!} x^{r_j - 1} e^{\beta_j x}$$

との合成積を計算することにほかならない. よって (2.35) の特解は

$$u(x) = G_l * \cdots * G_2 * G_1 * f(x)$$

で与えられる. または, 次のように述べてもよい.

定理 18　$G = G_l * \cdots * G_2 * G_1$ とおく. このとき

$$u(x) = \int_0^x G(x - y) f(y)\, dy \qquad (2.48)$$

は (2.35) の一つの特解になっている.

2.5. 定数係数高階線形微分方程式 **63**

┌─ **例題 19** ─────────────────────────────

次の微分方程式の解を求めよ.

$$\frac{d^2u}{dx^2} - \frac{du}{dx} - 2u = x + 1, \quad u(0) = u'(0) = 0$$

└─────────────────────────────────────

【解　答】　特性根は $\alpha = 2, \beta = -1$ であるから, 方程式を次のように変形できる.

$$\left(\frac{d}{dx} + 1\right)\left(\frac{d}{dx} - 2\right) u = x + 1$$

この場合は (2.38) にあてはめて計算できるが, ここでは, 上の議論の流れに沿って計算する.

$$G_1(x) = e^{-x}, \quad G_2(x) = e^{2x}$$

とおき $G_1 * G_2$ を計算すると

$$(G_1 * G_2)(x) = \frac{1}{3}(e^{2x} - e^{-x})$$

である. これより一般解は (2.48) より

$$u(x) = c_1 e^{-x} + c_2 e^{2x} + \int_0^x \frac{e^{2(x-y)} - e^{-(x-y)}}{3}(y + 1)\,dy$$

$$= c_1 e^{-x} + c_2 e^{2x} + \frac{1}{4}e^{2x} - \frac{1}{4} - \frac{x}{2}$$

初期条件 $u(0) = 0, u'(0) = 0$ であるから $c_1 = c_2 = 0$ となって

$$u(x) = \frac{1}{4}e^{2x} - \frac{1}{4} - \frac{x}{2}$$ ■

64 第 2 章 線形微分方程式

┌ 例題 20 ─────────────────────────

次の微分方程式について一つの特解を求めよ.

$$\frac{d^2 u}{dx^2} + \omega^2 u = \sin(\lambda x)$$

ただし, λ, ω は 0 でない定数で $\lambda^2 \neq \omega^2$.

【解 答】 特性方程式 $\tau^2 + \omega^2 = 0$ より, 特性根 $\alpha = \omega i$, $\beta = -\omega i$ を得て, 斉次方程式の解は $e^{\omega i x}$, $e^{-\omega i x}$ で生成される. 特解を求めるため $G_1(x) = e^{\omega i x}$, $G_2(x) = e^{-\omega i x}$ とおく.

$$(G_1 * G_2)(x) = \int_0^x e^{\omega i\,(x-y)} e^{-\omega i y}\,dy = \int_0^x e^{\omega i\,(x-2y)}\,dy$$

$$= \left[-\frac{1}{2\omega i} e^{\omega i\,(x-2y)} \right]_{y=0}^{y=x} = \frac{1}{2\omega i}(e^{\omega i x} - e^{-\omega i x})$$

$$= \frac{1}{\omega} \sin(\omega x)$$

である. これより一つの特解は

$$w(x) = \int_0^x \frac{1}{\omega} \sin(\omega(x-y)) \sin \lambda y \, dy$$

$$= \int_0^x \frac{1}{2\omega} \{ \cos(\omega(x-y) - \lambda y) - \cos(\omega(x-y) + \lambda y) \} \, dy$$

$$= \frac{1}{2\omega} \left[\frac{1}{-\omega - \lambda} \sin(\omega(x-y) - \lambda y) \right.$$

$$\left. - \frac{1}{-\omega + \lambda} \sin(\omega(x-y) + \lambda y) \right]_{y=0}^{y=x}$$

$$= \frac{1}{\lambda^2 - \omega^2} \left(-\sin \lambda x + \frac{\lambda}{\omega} \sin \omega x \right)$$

∎

問 12 上の例題で $\lambda = \omega$ の場合はどうなるか考えよ.

問 13 次の微分方程式の解を求めよ.

$$\frac{d^2 u}{dx^2} + \omega^2 u = e^x, \quad u(0) = u'(0) = 0$$

ただし, $\omega > 0$ は定数.

2.5. 定数係数高階線形微分方程式   **65**

─**例題 21**────────────────────────

次の微分方程式の一般解を求めよ. その中で, 条件 $u(0) = u'(0) = u''(0) = 0$ を満たす解を求めよ.

$$\frac{d^3u}{dx^3} - 5\frac{d^2u}{dx^2} + 8\frac{du}{dx} - 4u = x$$

────────────────────────────────

【**解 答**】 特性方程式は $\tau^3 - 5\tau^2 + 8\tau - 4 = 0$ で $(\tau - 1)(\tau - 2)^2 = 0$ となり, 特性根は単根 1 と 2 重根 2 であるから, 方程式は

$$\left(\frac{d}{dx} - 1\right)\left(\frac{d}{dx} - 2\right)^2 u = x$$

よって斉次方程式の解空間は e^x, e^{2x}, xe^{2x} で生成される. 定理 18 を用いるため

$$G_1(x) = e^x, \quad G_2(x) = xe^{2x}$$

とおき

$$(G_1 * G_2)(x) = \int_0^x (x-y)e^{2(x-y)}e^y \, dy$$

$$= \int_0^x (x-y)e^{2x-y} \, dy = (x-1)e^{2x} + e^x$$

となる. 一つの特解は

$$w(x) = \int_0^x \{(x-y-1)e^{2(x-y)} + e^{x-y}\} y \, dy$$

$$= -\frac{x}{4} - \frac{1}{2} + e^x - \frac{e^{2x}}{2} + \frac{xe^{2x}}{4}$$

よって一般解は

$$u(x) = c_1 e^x + c_2 e^{2x} + c_3 xe^{2x} - \frac{x}{4} - \frac{1}{2} + e^x - \frac{e^{2x}}{2} + \frac{xe^{2x}}{4}$$

$$= -\frac{1}{2} - \frac{x}{4} + c_1' e^x + c_2' e^{2x} + c_3' xe^{2x}$$

条件 $u(0) = u'(0) = u''(0) = 0$ を用いて

$$u(x) = -\frac{1}{2} - \frac{x}{4} + e^x - \frac{1}{2}e^{2x} + \frac{1}{4}xe^{2x}$$

66　　　　　　　　　　　第 2 章　線形微分方程式

2.6　定数係数連立方程式と行列の指数関数

2.5 節では高階定数係数方程式の具体的解法を扱ったので，次は連立の定数係数方程式を考える．簡単のため 2 未知関数の場合で話を進める．

$$\frac{d}{dx}\begin{bmatrix} u_1 \\ u_2 \end{bmatrix} = A\begin{bmatrix} u_1 \\ u_2 \end{bmatrix} + \begin{bmatrix} f_1(x) \\ f_2(x) \end{bmatrix} \tag{2.49}$$

ただし，A は次のように定数行列であるとする．

$$A = \begin{bmatrix} a & b \\ c & d \end{bmatrix}$$

方程式の標準形　正則行列

$$P = \begin{bmatrix} p_{11} & p_{12} \\ p_{21} & p_{22} \end{bmatrix}$$

を用いて，未知関数 $u_1(x), u_2(x)$ から $\widetilde{u}_1(x), \widetilde{u}_2(x)$ に変換する．ただし，変換則は

$$\begin{bmatrix} u_1(x) \\ u_2(x) \end{bmatrix} = P\begin{bmatrix} \widetilde{u}_1(x) \\ \widetilde{u}_2(x) \end{bmatrix}$$

これを代入して，方程式 (2.49) は

$$P\frac{d}{dx}\begin{bmatrix} \widetilde{u}_1 \\ \widetilde{u}_2 \end{bmatrix} = AP\begin{bmatrix} \widetilde{u}_1 \\ \widetilde{u}_2 \end{bmatrix} + \begin{bmatrix} f_1(x) \\ f_2(x) \end{bmatrix}$$

両辺の左から行列 P^{-1} を作用させて

$$\frac{d}{dx}\begin{bmatrix} \widetilde{u}_1 \\ \widetilde{u}_2 \end{bmatrix} = P^{-1}AP\begin{bmatrix} \widetilde{u}_1 \\ \widetilde{u}_2 \end{bmatrix} + P^{-1}\begin{bmatrix} f_1(x) \\ f_2(x) \end{bmatrix} \tag{2.50}$$

さて行列 A が与えられたとき正則行列 P を適当にとって $P^{-1}AP$ を**標準形**という簡単な形にできる．すなわち α, β を A の固有値とすると P をうまくとって

$$\text{(I)}\quad P^{-1}AP = \begin{bmatrix} \alpha & 0 \\ 0 & \beta \end{bmatrix} \quad \text{あるいは}\quad \text{(II)}\quad P^{-1}AP = \begin{bmatrix} \alpha & 1 \\ 0 & \alpha \end{bmatrix}$$

2.6. 定数係数連立方程式と行列の指数関数　　**67**

とできることが知られている. $\alpha \neq \beta$ の場合はつねに (I) の場合で, $\alpha = \beta$ の場合は (I) の場合と (II) の場合がある. それぞれの場合について (2.50) をみていこう.

(I) の場合は, 次のように方程式は連立が解消され $\widetilde{u}_1, \widetilde{u}_2$ それぞれ独立の問題となるので普通の定数変化法で解が得られる.

$$\frac{d}{dx} \begin{bmatrix} \widetilde{u}_1 \\ \widetilde{u}_2 \end{bmatrix} = \begin{bmatrix} \alpha\widetilde{u}_1 \\ \beta\widetilde{u}_2 \end{bmatrix} + P^{-1} \begin{bmatrix} f_1(x) \\ f_2(x) \end{bmatrix} \tag{2.51}$$

(II) の場合は,

$$\frac{d}{dx} \begin{bmatrix} \widetilde{u}_1 \\ \widetilde{u}_2 \end{bmatrix} = \begin{bmatrix} \alpha\widetilde{u}_1 + \widetilde{u}_2 \\ \alpha\widetilde{u}_2 \end{bmatrix} + P^{-1} \begin{bmatrix} f_1(x) \\ f_2(x) \end{bmatrix} \tag{2.52}$$

となり, $\widetilde{u}_2$ の方程式が独立してしまうので, これを単独で扱える. 得た $\widetilde{u}_2$ を $\widetilde{u}_1$ の方程式に代入してそれを解いて $\widetilde{u}_1$ を得る. あとは逆変換により u_1, u_2 が求められる.

例題 22

次の微分方程式の一般解を求めよ.

$$\frac{du_1}{dx} = -u_1 + 2u_2, \quad \frac{du_2}{dx} = 2u_1 - u_2$$

また, 初期条件 $u_1(0) = 1, u_2(0) = 0$ を満たすものを求めよ.

【解答 1】 方程式は

$$\frac{d}{dx} \begin{bmatrix} u_1 \\ u_2 \end{bmatrix} = A \begin{bmatrix} u_1 \\ u_2 \end{bmatrix}, \quad A = \begin{bmatrix} -1 & 2 \\ 2 & -1 \end{bmatrix}$$

とかける. A の固有値を求めるため

$$\det(\lambda E_2 - A) = \det \begin{bmatrix} \lambda + 1 & -2 \\ -2 & \lambda + 1 \end{bmatrix} = (\lambda + 3)(\lambda - 1) = 0$$

を解いて $\lambda_1 = 1, \lambda_2 = -3$ を得る. それぞれの固有値 λ_1, λ_2 に対する固有ベクトルを求める.

68　　　第 2 章　線形微分方程式

$$(A - E_2) \begin{bmatrix} c_1 \\ c_2 \end{bmatrix} = \begin{bmatrix} -2 & 2 \\ 2 & -2 \end{bmatrix} \begin{bmatrix} c_1 \\ c_2 \end{bmatrix} = \mathbf{0}$$

より $-2c_1 + 2c_2 = 0$ であるから $c_2 = 1, c_1 = 1$ とおいて一つの固有ベクトルとして $\boldsymbol{p}_1 = \begin{bmatrix} 1 \\ 1 \end{bmatrix}$ を得る（これの定数倍ももちろん固有ベクトル）.

$$(A + 3E_2) \begin{bmatrix} c_1 \\ c_2 \end{bmatrix} = \begin{bmatrix} 2 & 2 \\ 2 & 2 \end{bmatrix} \begin{bmatrix} c_1 \\ c_2 \end{bmatrix} = \mathbf{0}$$

より $2c_1 + 2c_2 = 0$ であるから $c_2 = 1, c_1 = -1$ とおいて一つの固有ベクトルとして $\boldsymbol{p}_2 = \begin{bmatrix} -1 \\ 1 \end{bmatrix}$ を得る. よって

$$P = [\boldsymbol{p}_1 \quad \boldsymbol{p}_2] = \begin{bmatrix} 1 & -1 \\ 1 & 1 \end{bmatrix}$$

とおけば

$$P^{-1}AP = \begin{bmatrix} 1 & 0 \\ 0 & -3 \end{bmatrix}$$

となる. また, 変換 $\begin{bmatrix} u_1(x) \\ u_2(x) \end{bmatrix} = P \begin{bmatrix} \widetilde{u}_1(x) \\ \widetilde{u}_2(x) \end{bmatrix}$ によって方程式は

$$\frac{d}{dx} \begin{bmatrix} \widetilde{u}_1(x) \\ \widetilde{u}_2(x) \end{bmatrix} = \begin{bmatrix} \widetilde{u}_1(x) \\ -3\,\widetilde{u}_2(x) \end{bmatrix}$$

になる. これより $\widetilde{u}_1(x) = c_1 e^x$, $\widetilde{u}_2(x) = c_2 e^{-3x}$ である.

$$\begin{bmatrix} u_1(x) \\ u_2(x) \end{bmatrix} = \begin{bmatrix} 1 & -1 \\ 1 & 1 \end{bmatrix} \begin{bmatrix} c_1 e^x \\ c_2 e^{-3x} \end{bmatrix} = c_1 \begin{bmatrix} 1 \\ 1 \end{bmatrix} e^x + c_2 \begin{bmatrix} -1 \\ 1 \end{bmatrix} e^{-3x}$$

よって, 定数をおき直して

$$\begin{bmatrix} u_1(x) \\ u_2(x) \end{bmatrix} = c_1' \begin{bmatrix} 1 \\ 1 \end{bmatrix} e^x + c_2' \begin{bmatrix} -1 \\ 1 \end{bmatrix} e^{-3x}$$

2.6. 定数係数連立方程式と行列の指数関数　　**69**

を得る．条件 $u_1(0) = 1, u_2(0) = 0$ を満たすものは $c_1' = -c_2' = 1/2$ の場合で

$$u_1(x) = (e^x + e^{-3x})/2, \quad u_1(x) = (e^x - e^{-3x})/2$$

【解答2】　以下は2未知関数の連立微分方程式の場合に限って有効な方法である．これにより対角化の作業を少しショートカットすることができる．第1式と第2式の τ 倍を加えた式を考える．

$$\frac{d}{dx}(u_1 + \tau u_2) = (-1 + 2\tau)u_1 + (2 - \tau)u_2$$

ここで，もし $1 : \tau = (-1+2\tau) : (2-\tau)$ ならば $w(x) = u_1(x) + \tau u_2(x)$ に関する方程式になることに気づく．よって，この関係式を計算すると $\tau(-1+2\tau) = 2-\tau$ より $\tau = \pm 1$. よって $\tau_1 = 1, \tau_2 = -1$ に対して $w_1 = u_1 + \tau_1 u_2, w_2 = u_1 + \tau_2 u_2$ とおくと w_1, w_2 のそれぞれの単独の微分方程式になる．すなわち，

$$w_1' = (-1 + 2\tau_1)w_1, \quad w_2' = (-1 + 2\tau_2)w_2$$

を得る．結局これは【解答1】と同じ対角化の作業をしたことになる．　■

例題 23

次の方程式の一般解を求めよ．

$$\frac{du_1}{dx} = 3u_1 - 2u_2 + x, \quad \frac{du_2}{dx} = 4u_1 - 3u_2 + 1$$

また，$u_1(0) = u_2(0) = 0$ となるものを求めよ．

【解　答】　方程式を

$$\frac{d}{dx}\begin{bmatrix} u_1 \\ u_2 \end{bmatrix} = A\begin{bmatrix} u_1 \\ u_2 \end{bmatrix} + \begin{bmatrix} 1 \\ x \end{bmatrix}$$

とかく．係数行列 $A = \begin{bmatrix} 3 & -2 \\ 4 & -3 \end{bmatrix}$ を標準形にする．固有方程式を考える．

$$\det(\lambda E_2 - A) = \det\begin{bmatrix} \lambda - 3 & 2 \\ -4 & \lambda + 3 \end{bmatrix} = (\lambda - 1)(\lambda + 1)$$

70 第 2 章 線形微分方程式

より固有値 $\lambda_1 = 1, \lambda_2 = -1$ である．それぞれの固有値に対する固有ベクトルを

$$\boldsymbol{p}_1 = \begin{bmatrix} 1 \\ 1 \end{bmatrix}, \quad \boldsymbol{p}_2 = \begin{bmatrix} 1 \\ 2 \end{bmatrix}$$

と選べる（A.5 節参照）．よって $P = [\boldsymbol{p}_1 \ \ \boldsymbol{p}_2] = \begin{bmatrix} 1 & 1 \\ 1 & 2 \end{bmatrix}$ とおくと $P^{-1}AP =$ $\begin{bmatrix} 1 & 0 \\ 0 & -1 \end{bmatrix}$ である．また，$P^{-1} = \begin{bmatrix} 2 & -1 \\ -1 & 1 \end{bmatrix}$ であるから

$$\begin{bmatrix} u_1 \\ u_2 \end{bmatrix} = P \begin{bmatrix} \widetilde{u}_1 \\ \widetilde{u}_2 \end{bmatrix}$$

とおいて，方程式は

$$\frac{d}{dx} \begin{bmatrix} \widetilde{u}_1 \\ \widetilde{u}_2 \end{bmatrix} = \begin{bmatrix} \widetilde{u}_1 \\ -\widetilde{u}_2 \end{bmatrix} + \begin{bmatrix} 2 & -1 \\ -1 & 1 \end{bmatrix} \begin{bmatrix} x \\ 1 \end{bmatrix}$$

$\widetilde{u}_1, \widetilde{u}_2$ を独立に解いて（定数変化法）

$$\widetilde{u}_1(x) = c_1 e^x + \int_0^x e^{x-y}(2y - 1)\, dy,$$

$$\widetilde{u}_2(x) = c_2 e^{-x} + \int_0^x e^{-(x-y)}(-y + 1)\, dy$$

これを計算して

$$\widetilde{u}_1(x) = (c_1 + 1)e^x - 1 - 2x = c_1' e^x - 1 - 2x,$$

$$\widetilde{u}_2(x) = (c_2 - 2)e^{-x} - x + 2 = c_2' e^{-x} - x + 2$$

となる．これをもとの u_1, u_2 に戻して

$$\begin{bmatrix} u_1(x) \\ u_2(x) \end{bmatrix} = c_1' \begin{bmatrix} 1 \\ 1 \end{bmatrix} e^x + c_2' \begin{bmatrix} 1 \\ 2 \end{bmatrix} e^{-x} + \begin{bmatrix} -3x + 1 \\ -4x + 3 \end{bmatrix}$$

2.6. 定数係数連立方程式と行列の指数関数 **71**

問 14 次の方程式を解け.

$$\frac{d}{dx}\begin{bmatrix} u_1 \\ u_2 \end{bmatrix} = \begin{bmatrix} 1 & -1 \\ 1 & 1 \end{bmatrix}\begin{bmatrix} u_1 \\ u_2 \end{bmatrix} + \begin{bmatrix} 1 \\ 1 \end{bmatrix}, \quad \begin{bmatrix} u_1(0) \\ u_2(0) \end{bmatrix} = \begin{bmatrix} 1 \\ 0 \end{bmatrix}$$

行列の指数関数 まず一番簡単な単独方程式

$$\frac{du}{dx} = \alpha u \quad (\alpha : 定数) \tag{2.53}$$

を考えると, 1 章で扱ったように一般解は $u(x) = ce^{\alpha x}$ である. ここで, 微分積分で学んだテイラー展開の式

$$e^y = \exp(y) = 1 + \frac{y}{1!} + \frac{y^2}{2!} + \frac{y^3}{3!} + \cdots = \sum_{n=0}^{\infty} \frac{y^n}{n!} \tag{2.54}$$

を思い出す. すなわち,

$$u(x) = \exp(\alpha x) = 1 + \frac{\alpha x}{1!} + \frac{(\alpha x)^2}{2!} + \frac{(\alpha x)^3}{3!} + \cdots + \frac{(\alpha x)^n}{n!} + \cdots \tag{2.55}$$

$$= 1 + \frac{\alpha}{1!}x + \frac{\alpha^2}{2!}x^2 + \frac{\alpha^3}{3!}x^3 + \cdots + \frac{\alpha^n}{n!}x^n + \cdots$$

であるが, この式の両辺を微分して

$$u'(x) = \frac{d}{dx}\exp(\alpha x) \tag{2.56}$$

$$= 0 + \frac{\alpha}{1!}1 + \frac{\alpha^2}{2!}2x + \frac{\alpha^3}{3!}3x^2 + \cdots + \frac{\alpha^n}{n!}nx^{n-1} + \cdots$$

$$= \alpha 1 + \alpha\frac{\alpha^1}{1!}x + \alpha\frac{\alpha^2}{2!}x^2 + \cdots + \alpha\frac{\alpha^{n-1}}{(n-1)!}x^{n-1} + \cdots$$

$$= \alpha \exp(\alpha x)$$

となり, $u(x) = \exp(\alpha x)$ が方程式 (2.53) の解になっていることが再確認された. これ自体何も驚くべきことでもないが, 注目すべきことは (2.55) の右辺は α が数でなく, 正方行列 A の場合も (以下で説明するように) 定義されることである. もちろん A^n は行列の乗法によって意味を捉える. すなわち, (2.55) が連立系の方程式 ((2.53) で α を行列にしたもの) に応用されることが示唆される. 次のような行列の指数関数を定義しよう.

72　　　　　第 2 章　線形微分方程式

> **定義**　$m \times m$ 行列 Z に対し
>
> $$\exp(Z) = E_m + \frac{Z}{1!} + \frac{Z^2}{2!} + \frac{Z^3}{3!} + \cdots + \frac{Z^n}{n!} + \cdots$$
>
> とおく. ただし, E_m は $m \times m$ 単位行列.

これによって $m \times m$ 行列 A と実数 x に対して

$$\exp(xA) = E_m + \frac{A}{1!}x + \frac{A^2}{2!}x^2 + \frac{A^3}{3!}x^3 + \cdots + \frac{A^n}{n!}x^n + \cdots$$

となる. ここで, 行列値関数 $U(x) = \exp(xA)$ とおくと, これは $m \times m$ 行列であるが, (2.56) と同様の計算により

$$\frac{d}{dx}U(x) = AU(x), \quad U(0) = E_m \tag{2.57}$$

を満たすことがわかる. 実際

$$\begin{aligned}
\text{左辺} &= \frac{d}{dx}\left(E_m + \frac{A}{1!}x + \frac{A^2}{2!}x^2 + \frac{A^3}{3!}x^3 + \cdots + \frac{A^n}{n!}x^n + \cdots\right) \\
&= \frac{A}{1!} + \frac{A^2}{2!}2x + \frac{A^3}{3!}3x^2 + \cdots + \frac{A^n}{n!}nx^{n-1} + \cdots \\
&= A\left\{E_m + \frac{A}{1!}x + \frac{A^2}{2!}x^2 + \cdots + \frac{A^{n-1}}{(n-1)!}x^{n-1} + \cdots\right\} = AU(x)
\end{aligned}$$

である.

さて A を $m \times m$ 行列として, 微分方程式

$$\frac{d}{dx}\boldsymbol{u} = A\boldsymbol{u}, \quad \boldsymbol{u}(x_0) = \boldsymbol{u}_0, \quad \boldsymbol{u}(x) = \begin{bmatrix} u_1(x) \\ \vdots \\ u_m(x) \end{bmatrix}, \quad \boldsymbol{u}_0 = \begin{bmatrix} \xi_1 \\ \vdots \\ \xi_m \end{bmatrix} \tag{2.58}$$

を考える. このとき, 上の $U(x) = \exp(xA)$ を用いて解を表示できる. 実際 (2.58) をベクトル $\boldsymbol{u}_0$ に左から掛けることにより次を得る.

> **定理 24**　$\boldsymbol{u}(x) = U(x - x_0)\boldsymbol{u}_0$ は, (2.58) の一意の解になる.

また，このことにより次も従う．

定理 25　2.1 節で導入した解の基本系行列は，(2.58) に対しては

$$S(x, x_0) = \exp((x - x_0)A)$$

で与えられる．

2×2 行列の場合　このように方程式 (2.58) を解くことは実際に $U(x) = \exp(xA)$ を求めることによって達せられるがどのようにこれを計算したらよいだろうか．$m = 2$ の場合で考察する．2×2 行列の標準形の理論（A.5 節参照）より $A = \begin{bmatrix} a & b \\ c & d \end{bmatrix}$ に対して正則行列 P により

(I)　$P^{-1}AP = \begin{bmatrix} \alpha & 0 \\ 0 & \beta \end{bmatrix}$

あるいは

(II)　$P^{-1}AP = \begin{bmatrix} \alpha & 1 \\ 0 & \alpha \end{bmatrix}$

となる（A.5 節）．それぞれの場合で $U(x)$ を計算する．まず

$$(P^{-1}AP)^n = (P^{-1}AP)(P^{-1}AP)\cdots(P^{-1}AP) = P^{-1}A^nP$$

に注意する．次に

$$\begin{aligned}
\exp(xA) &= E_m + \frac{A}{1!}x + \frac{A^2}{2!}x^2 + \frac{A^3}{3!}x^3 + \cdots + \frac{A^n}{n!}x^n + \cdots \\
&= PP^{-1}\left(E_m + \frac{A}{1!}x + \frac{A^2}{2!}x^2 + \cdots + \frac{A^n}{n!}x^n + \cdots\right)PP^{-1} \\
&= P\left(P^{-1}E_mP + \frac{P^{-1}AP}{1!}x + \frac{P^{-1}A^2P}{2!}x^2 \right. \\
&\qquad \left. + \cdots + \frac{P^{-1}A^nP}{n!}x^n + \cdots\right)P^{-1}
\end{aligned}$$

74　　　　　第 2 章　線形微分方程式

$$= P\left(E_m + \frac{P^{-1}AP}{1!}x + \frac{(P^{-1}AP)^2}{2!}x^2\right.$$
$$\left. + \cdots + \frac{(P^{-1}AP)^n}{n!}x^n + \cdots\right)P^{-1}$$

ここで (I) と (II) に場合分けする.

(I) の場合は

$$(P^{-1}AP)^n = \begin{bmatrix} \alpha^n & 0 \\ 0 & \beta^n \end{bmatrix}$$

より

$$\exp(xA) = P\left(\sum_{n=0}^{\infty} \frac{x^n}{n!}\begin{bmatrix} \alpha^n & 0 \\ 0 & \beta^n \end{bmatrix}\right)P^{-1} = P\begin{bmatrix} e^{\alpha x} & 0 \\ 0 & e^{\beta x} \end{bmatrix}P^{-1}$$

であり

(II) の場合は

$$(P^{-1}AP)^n = \begin{bmatrix} \alpha^n & n\alpha^{n-1} \\ 0 & \alpha^n \end{bmatrix}$$

であることに注意して

$$\exp(xA) = P\left(\sum_{n=0}^{\infty} \frac{x^n}{n!}\begin{bmatrix} \alpha^n & n\alpha^{n-1} \\ 0 & \alpha^n \end{bmatrix}\right)P^{-1}$$
$$= P\begin{bmatrix} \sum_{n=0}^{\infty} \frac{(\alpha x)^n}{n!} & \sum_{n=1}^{\infty} \frac{\alpha^{n-1}x^n}{(n-1)!} \\ 0 & \sum_{n=0}^{\infty} \frac{(\alpha x)^n}{n!} \end{bmatrix}P^{-1}$$
$$= P\begin{bmatrix} e^{\alpha x} & xe^{\alpha x} \\ 0 & e^{\alpha x} \end{bmatrix}P^{-1}$$

である.

2.6. 定数係数連立方程式と行列の指数関数 **75**

行列の対角化を経由しない方法 A^n, e^{xA} をケーリー・ハミルトンの定理を用いて計算する方法について述べる. A の特性多項式 $P(\lambda)$ は

$$P(\lambda) = \det(\lambda E_2 - A) = \lambda^2 - (a+d)\lambda + ad - bc$$

で与えられることを思い出そう. ここで, 多項式 $P(\lambda)$ の根 α, β は A の固有値となるが, これを用いて

$$P(\lambda) = (\lambda - \alpha)(\lambda - \beta)$$

となる. そこで多項式 λ^n を $P(\lambda)$ (2次式) で割った商を $Q(\lambda)$, 余りを $a_n\lambda + b_n$ とすれば

$$\lambda^n = Q(\lambda)P(\lambda) + a_n\lambda + b_n \tag{2.59}$$

となる. そして行列 A について

$$A^n = Q(A)P(A) + a_n A + b_n E_2$$

を得る. さて, ケーリー・ハミルトンの定理を適用して

$$P(A) = A^2 - (a+d)A + (ad - bc)E_2 = O$$

であるので

$$A^n = a_n A + b_n E_2 \tag{2.60}$$

となるので, 定数 a_n, b_n を知りたい. この定数を求めるため再び場合分け (I) $\alpha \neq \beta$, (II) $\alpha = \beta$ をして計算を行う.

(I) $\alpha \neq \beta$ の場合：$P(\alpha) = P(\beta) = 0$ より

$$a_n\alpha + b_n = \alpha^n,$$

$$a_n\beta + b_n = \beta^n$$

となり, これを解いて

76　　　　　　　第 2 章　線形微分方程式

$$a_n = \frac{\alpha^n - \beta^n}{\alpha - \beta},$$

$$b_n = \frac{\alpha\,\beta^n - \beta\,\alpha^n}{\alpha - \beta}$$

を得る. (2.60) へ代入すれば A^n を得られる.

(II)　$\alpha = \beta$ の場合：(2.59) の両辺を微分して

$$n\lambda^{n-1} = Q'(\lambda)P(\lambda) + Q(\lambda)P'(\lambda) + a_n$$

であるが, この場合 $P(\alpha) = 0$, $P'(\alpha) = 0$ であるから, この式と (2.59) により

$$a_n = n\alpha^{n-1},$$

$$b_n = \alpha^n - \alpha a_n = (1-n)\alpha^n$$

となる. (2.60) へ代入すれば A^n を得られる.

　以上をまとめて

$$A^n = \frac{\alpha^n - \beta^n}{\alpha - \beta}A + \frac{\alpha\,\beta^n - \beta\,\alpha^n}{\alpha - \beta}E_2 \quad (\alpha \neq \beta)$$

$$A^n = n\alpha^{n-1}A + (1-n)\alpha^n E_2 \quad (\alpha = \beta)$$

を得る. また, これを $e^{xA} = E_2 + \sum_{n=1}^{\infty}(x^n/n!)A^n$ へ代入して

$$e^{x\,A} = \frac{e^{\alpha x} - e^{\beta x}}{\alpha - \beta}A + \frac{\alpha e^{\beta x} - \beta e^{\alpha x}}{\alpha - \beta}E_2 \quad (\alpha \neq \beta) \qquad (2.61)$$

$$e^{x\,A} = x\,e^{\alpha x}A + (1-\alpha x)e^{\alpha x}E_2 \quad (\alpha = \beta) \qquad (2.62)$$

を得る.

2.6. 定数係数連立方程式と行列の指数関数 **77**

例題 26

例題 22 で与えられた行列 $A = \begin{bmatrix} -1 & 2 \\ 2 & -1 \end{bmatrix}$ について $\exp(xA)$ を計算せよ.

【解　答】 対角化による方法を用いる. 行列 A について固有値問題を解いて固有値, 固有ベクトルを求めることで対角化することができる. すなわち

$$P = [\boldsymbol{p}_1 \quad \boldsymbol{p}_2] = \begin{bmatrix} 1 & -1 \\ 1 & 1 \end{bmatrix}$$

とおけば

$$P^{-1}AP = \begin{bmatrix} 1 & 0 \\ 0 & -3 \end{bmatrix}$$

であった. また, $P^{-1} = \dfrac{1}{2}\begin{bmatrix} 1 & 1 \\ -1 & 1 \end{bmatrix}$ であるから

$$\exp(xA) = P\left(\sum_{n=0}^{\infty} \frac{x^n}{n!}(P^{-1}AP)^n\right)P^{-1}$$

$$= P\sum_{n=0}^{\infty} \frac{x^n}{n!}\begin{bmatrix} 1 & 0 \\ 0 & -3 \end{bmatrix}^n P^{-1} = P\sum_{n=0}^{\infty} \frac{x^n}{n!}\begin{bmatrix} 1 & 0 \\ 0 & (-3)^n \end{bmatrix} P^{-1}$$

$$= P\begin{bmatrix} e^x & 0 \\ 0 & e^{-3x} \end{bmatrix} P^{-1} = \frac{1}{2}\begin{bmatrix} e^x + e^{-3x} & e^x - e^{-3x} \\ e^x - e^{-3x} & e^x + e^{-3x} \end{bmatrix} \quad ■$$

問 15 (2.61), (2.62) を用いて $A = \dfrac{1}{2}\begin{bmatrix} 3 & 1 \\ -1 & 1 \end{bmatrix}$, $P = \begin{bmatrix} 1 & 2 \\ -1 & 0 \end{bmatrix}$ に対し $P^{-1}AP$, A^n, $\exp(xA)$ を計算せよ.

この節の議論は一般の三つ以上の未知関数をもつ連立系にも一般化できる. ただし, その際には, 行列の対角化やジョルダン標準形への変形の操作を必要とするので, 線形代数学のその部分を補ってから本節を読み直すとよいと思う.

78　　　　　　　　　第 2 章　線形微分方程式

■■■■■■■■■■■■■■■■■■■■■■■ **演 習 問 題** ■■■■■■■■■■■■■■■■■■■■■■■

1. 次の方程式の一般解を求めよ.

(1) $\dfrac{d^2 u}{dx^2} - 4\dfrac{du}{dx} + 4u = x^2 - 1$

(2) $\dfrac{d^3 u}{dx^3} - 3\dfrac{d^2 u}{dx^2} + 3\dfrac{du}{dx} - u = 1$

2. 行列 $A = \begin{bmatrix} 2 & 1 \\ 3 & 4 \end{bmatrix}$ について $\exp(xA)$ を求めよ.

3. 次の方程式の一般解を求めよ.

(1) $\dfrac{d}{dx}\begin{bmatrix} u \\ v \end{bmatrix} = \begin{bmatrix} 2 & 1 \\ 3 & 4 \end{bmatrix}\begin{bmatrix} u \\ v \end{bmatrix} + \begin{bmatrix} e^{2x} \\ 1 \end{bmatrix}$

(2) $\dfrac{d}{dx}\begin{bmatrix} u \\ v \\ w \end{bmatrix} = \begin{bmatrix} 0 & 1 & 0 \\ 0 & 0 & 1 \\ 0 & 0 & 0 \end{bmatrix}\begin{bmatrix} u \\ v \\ w \end{bmatrix}$

4. 行列

$$A = \begin{bmatrix} 1 & 1 & 1 \\ 0 & 1 & 1 \\ 0 & 0 & 1 \end{bmatrix}$$

について A^n を求めよ（予想して帰納法で示せ）. 次に $\exp(xA)$ を計算せよ.

5. α, β, γ は三つの異なる数とする. $G_1(x) = e^{\alpha x}$, $G_2(x) = e^{\beta x}$, $G_3(x) = e^{\gamma x}$ とおいたとき, 次を計算で確かめよ.

$$(G_1 * G_2 * G_3)(x) = \frac{e^{\alpha x}}{(\alpha - \beta)(\alpha - \gamma)} + \frac{e^{\beta x}}{(\beta - \alpha)(\beta - \gamma)} + \frac{e^{\gamma x}}{(\gamma - \alpha)(\gamma - \beta)}$$

上を利用して次の微分方程式の特解を一つみつけよ.

$$\frac{d^3 u}{dx^3} - 6\frac{d^2 u}{dx^2} + 11\frac{du}{dx} - 6u = xe^x$$

6. $p = p(x), q = q(x)$ を $\mathbb{R}$ 上の実数値連続関数とする. いま実数値関数 $u = u(x)$ が微分方程式

$$\frac{d^2 u}{dx^2} + p(x)\frac{du}{dx} + q(x)u = 0 \quad (x \in \mathbb{R})$$

の解で恒等的には 0 でないとする. このとき $u(x)^2 + (du(x)/dx)^2 > 0$ $(x \in \mathbb{R})$ であることを示せ.

第 3 章
微分方程式の応用

　本章では具体的な力学の問題を扱う．運動の法則から微分方程式をつくり，解の様子や現象に対する関係をみる．3.1〜3.3 節ではいままでより少し複雑な系の運動の解析を行う．3.4 節では変分問題の考え方を説明し代表的な例を調べる．前章までは独立変数は x を主に用いたが，本章では t も用いることもある．それは物理現象で時間変数が独立変数の場合である．

3.1　減衰振動と連成振動

　1 章においてバネについた一つのおもりが摩擦なしに振動する様を考えたが，もう少し一般の場合を考察する．

(I) おもりの運動に摩擦がある場合：特徴は最初もっていたエネルギーが失われていき振動が減衰してゆくことである．

(II) 複雑にいくつかのおもりがバネで連結されていて振動する場合：特徴はおもりがエネルギーをやりとりし，おもりの振幅が一定にならないことである．この二つの場合を扱う．まずエネルギーについて復習しておく．

運動エネルギー　　質量 M の物体が，速さ v で並進運動（平行移動運動）しているとき，物体のもつ運動エネルギーは $Mv^2/2$ である．

ポテンシャルエネルギー　　バネ定数 K のバネ（フックの法則に従うもの）を自然な状態から u だけ変位（伸縮）させるのに必要な仕事量は $Ku^2/2$ である．また，この状態でバネがもつポテンシャルエネルギー（バネが実行可能な仕事量）は $Ku^2/2$ である．

摩擦力　　一般に物体が運動するとき空気抵抗など物体が直接接触しているも

のからの摩擦が生じてブレーキがかかる．その力はしばしば運動の速度の大きさに比例し反対方向であるとされる．

(I) **摩擦による減衰振動**　1章で摩擦がない状態での単振動を扱い一般解を与えたが，摩擦の効果が加わったときのことを考える．

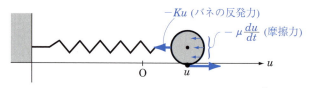

図 3.1　おもりに作用する力 $F = -Ku - \mu \dfrac{du}{dt}$

おもりの質量を M，変位を u とし運動方程式をたてる．バネはフックの法則（バネ定数 $K > 0$）を満たすとする．また，摩擦力を $-\mu\, du/dt$ とする（係数 $\mu \geqq 0$）．このとき

$$M\frac{d^2u}{dt^2} = -Ku - \mu\frac{du}{dt} \tag{3.1}$$

を得る．これを変形して

$$\frac{d^2u}{dt^2} + \frac{\mu}{M}\frac{du}{dt} + \frac{K}{M}u = 0$$

を得る．これは定数係数の 2 階単独線形微分方程式だから 1, 2 章での方法で扱える．よって特性方程式

$$\tau^2 + \frac{\mu}{M}\tau + \frac{K}{M} = 0$$

を考える．これは 2 次方程式で，その解である特性根は

$$\tau = (-\mu \pm \sqrt{\mu^2 - 4KM})/2M$$

である．よって，一般解は

$$u(t) = a\exp\left(\frac{(-\mu + \sqrt{\mu^2 - 4KM})t}{2M}\right) + b\exp\left(\frac{(-\mu - \sqrt{\mu^2 - 4KM})t}{2M}\right)$$

で与えられる．さて，符号 $\mu > 0, M > 0, K > 0$ に注意し，次の二つの場合に分ける．

(i) $\mu^2 - 4KM \geqq 0$ の場合：このとき，$\mu > \sqrt{\mu^2 - 4KM} \geqq 0$ より

$$u(t) = \exp\left(\frac{(-\mu + \sqrt{\mu^2 - 4KM})t}{2M}\right)\left(a + b\exp\left(\frac{-\sqrt{\mu^2 - 4KM}t}{M}\right)\right) \tag{3.2}$$

の形に変形すると，t が増大し十分時間が経ったあとは u は単調に 0 に減衰することがわかる．

(ii) $\mu^2 - 4KM < 0$ の場合：$\sqrt{\mu^2 - 4KM} = i\sqrt{4KM - \mu^2}$ だから $\omega = \sqrt{4KM - \mu^2}/2M > 0$ とおいて式を変形する．

$$\begin{aligned} u(t) &= \exp\left(-\frac{\mu t}{2M}\right)(ae^{i\omega t} + be^{-i\omega t}) \\ &= \exp\left(-\frac{\mu t}{2M}\right)\{(a+b)\cos\omega t + (a-b)i\sin\omega t\} \end{aligned}$$

u は実数だから $\mathrm{Im}(a) = -\mathrm{Im}(b)$, $\mathrm{Re}(a) = \mathrm{Re}(b)$ であり，$a = \overline{b}$ である．いま，$\tan\phi = -\mathrm{Re}(a)/\mathrm{Im}(a)$ とおけば

$$u(t) = 2|a|\exp\left(-\frac{\mu t}{2M}\right)\sin(\omega t + \phi) \tag{3.3}$$

と表すこともできる．$\mu > 0, M > 0$ より $t \to \infty$ において振動しながら 0 に収束することがわかる．

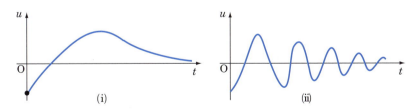

図 **3.2** 減衰振動の二つのタイプ

さて，このおもりとバネ系のもつ全エネルギー（運動エネルギー + ポテンシャルエネルギー）E を考え，その時間変化をみる．この場合

$$E(t) = \frac{1}{2}M\left(\frac{du}{dt}\right)^2 + \frac{1}{2}Ku(t)^2 \tag{3.4}$$

であるが，E の時間微分を考え，さらに方程式 (3.1) を用いると

$$\frac{d}{dt}E(t) = M\frac{d^2u}{dt^2}\frac{du}{dt} + K\frac{du}{dt}u$$

$$= \frac{du}{dt}\left(M\frac{d^2u}{dt^2} + Ku\right)$$

$$= -\mu\left(\frac{du}{dt}\right)^2 \leqq 0$$

となる．よって，摩擦係数 μ が 0 ならば，全エネルギーが保存され，$\mu > 0$ ならば減少してゆくことが理解される．

問 1 上の (i), (ii) のそれぞれの場合について $\mu > 0$ ならば $\lim_{t \to \infty} E(t) = 0$ となることを確認せよ．

(II) **連成振動** m 個のおもりが両側の壁から次々とバネで連結している場合の運動を考えよう．

図 3.3 m 個のおもりの連成振動系

番号をつけて，左から $1, 2, 3, \cdots, m$ 番として，j 番目のおもりの静止の位置からの変位を $u_j = u_j(t)$ とする．ただし，右を正の方向にとっている．それぞれのおもりの質量は $M > 0$，それぞれのバネのバネ定数は $K > 0$ とする．さて，各 j 番目のおもりに注目して運動方程式をつくることを考える．j 番目のおもりは前後の二つのバネから力を受けるので，それぞれの伸縮が重要である．$(j+1)$ 番目のおもりとのバネは $u_j - u_{j+1}$ だけ縮み，$(j-1)$ 番目のおもりとのバネは $u_{j-1} - u_j$ だけ縮む．よって向きを考慮するとそれぞれからの働く力は $-K(u_j - u_{j+1})$ と $K(u_{j-1} - u_j)$ となる．ただし，$j = 1$ と $j = m$ 番目のケースは前後が一つしかないので注意する．

3.1. 減衰振動と連成振動   **83**

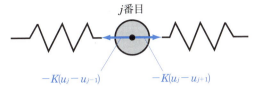

図 **3.4** j 番目のおもりに作用する力

$$\begin{cases} M\dfrac{d^2}{dt^2}u_1 = -Ku_1 - K(u_1 - u_2) \\ M\dfrac{d^2}{dt^2}u_2 = -K(u_2 - u_1) - K(u_2 - u_3) \\ \quad \cdots\cdots \\ M\dfrac{d^2}{dt^2}u_{m-1} = -K(u_{m-1} - u_{m-2}) - K(u_{m-1} - u_m) \\ M\dfrac{d^2}{dt^2}u_m = -K(u_m - u_{m-1}) - Ku_m \end{cases}$$

さて $m \times m$ 行列を

$$A = \begin{bmatrix} 2 & -1 & 0 & 0 & \cdots & 0 & 0 \\ -1 & 2 & -1 & 0 & \cdots & 0 & 0 \\ 0 & -1 & 2 & -1 & & & \\ \vdots & \ddots & \ddots & \ddots & \ddots & \vdots & \vdots \\ & & & & 2 & -1 & 0 \\ 0 & \cdots & & & -1 & 2 & -1 \\ 0 & \cdots & & & 0 & -1 & 2 \end{bmatrix}$$

で定めると，方程式はベクトル形で，次のように表せる．

$$\frac{d^2}{dt^2}\boldsymbol{u} = -\left(\frac{K}{M}\right) A\,\boldsymbol{u}, \quad \boldsymbol{u} = \begin{bmatrix} u_1 \\ \vdots \\ u_m \end{bmatrix} \tag{3.5}$$

ここで，2.6 節で用いた手法と同様に，未知関数を変換して方程式を簡単にすることを考える．適当な正則行列 P を用いて $\boldsymbol{u}(t) = P\boldsymbol{v}(t)$ として $\boldsymbol{v}$ の方程式を求めると

84　　　　　　第 3 章　微分方程式の応用

$$\frac{d^2}{dt^2} P\boldsymbol{v} = -\left(\frac{K}{M}\right) A P\boldsymbol{v}$$

P^{-1} を作用して

$$\frac{d^2}{dt^2}\boldsymbol{v} = -\left(\frac{K}{M}\right)(P^{-1}AP)\boldsymbol{v}$$

もし $P^{-1}AP$ が

$$P^{-1}AP = \begin{bmatrix} \lambda_1 & 0 & \cdots & 0 \\ 0 & \lambda_2 & & 0 \\ \vdots & & \ddots & \vdots \\ 0 & & \cdots & \lambda_m \end{bmatrix}$$

のように対角型ならば，方程式が簡単になる（この場合 $\lambda_1, \lambda_2, \cdots, \lambda_m$ が A の固有値となる）．行列の対角化はその行列の固有値，固有ベクトルを求めることが大変重要である．$m \times m$ 行列である行列 A についてこの固有値問題を解く計算は大変長いので，まず結果だけをかいてしまう（具体的計算法は下の注を参照）．固有値と対応する固有ベクトルはそれぞれ

$$\lambda_k = 2 - 2\cos\theta_k, \quad \boldsymbol{p}_k = \begin{bmatrix} \sin(\theta_k) \\ \sin(2\theta_k) \\ \vdots \\ \sin(m\theta_k) \end{bmatrix} \quad (1 \leqq k \leqq m) \tag{3.6}$$

ただし，$\theta_k = \dfrac{k\pi}{m+1}$．このとき，

$$A\,\boldsymbol{p}_k = \lambda_k \boldsymbol{p}_k \tag{3.7}$$

が成立する．これによって $P = [\boldsymbol{p}_1 \quad \cdots \quad \boldsymbol{p}_m]$ とおいて $P^{-1}AP$ が対角行列になる．

　問 2　(3.7) を計算で確かめよ．

　注　A の固有値を求めるにはちょっと工夫が必要である．特性多項式

$$T(\lambda) = \det(\lambda E_m - A)$$

3.1. 減衰振動と連成振動

の根を求めるのであるが，$\lambda - 2 = \zeta + (1/\zeta)$ として変数変換して ζ を用いて $T(\lambda)$ の行列式を計算すると

$$T(\lambda) = \frac{\zeta^{2m} + \zeta^{2m-2} + \cdots + \zeta^2 + 1}{\zeta^m} = \frac{\zeta^{2m+2} - 1}{\zeta^m(\zeta^2 - 1)}$$

というふうにうまく表せることがわかる．これで特性方程式 $T(\lambda) = 0$ を解くことができる．興味ある読者は自ら計算を試みてみよ．

固有振動解　さて上の P による変換で方程式 (3.5) は

$$\frac{d^2}{dt^2} \begin{bmatrix} v_1 \\ v_2 \\ \vdots \\ v_m \end{bmatrix} = -\left(\frac{K}{M}\right) \begin{bmatrix} \lambda_1 v_1 \\ \lambda_2 v_2 \\ \vdots \\ \lambda_m v_m \end{bmatrix}$$

となる．よって $\omega_k = \sqrt{\lambda_k K/M}$ とおくと成分ごとに

$$\frac{d^2}{dt^2} v_k + \omega_k^2 v_k = 0$$

が得られる．よって1章定理4より

$$v_k(t) = a_k \cos(\omega_k t) + b_k \sin(\omega_k t) \quad (1 \le k \le m)$$

となる．これは

$$v_k(t) = \sqrt{a_k^2 + b_k^2} \sin(\omega_k t + \gamma_k),$$

$$\tan \gamma_k = a_k/b_k$$

ともかける．これを用いてもともとの解 $\boldsymbol{u}(t)$ は

$$\boldsymbol{u}(t) = \begin{bmatrix} u_1(t) \\ u_2(t) \\ \vdots \\ u_m(t) \end{bmatrix} = v_1(t)\boldsymbol{p}_1 + v_2(t)\boldsymbol{p}_2 + \cdots + v_m(t)\boldsymbol{p}_m \tag{3.8}$$

として一般解が求められる．ただし $a_1, a_2, \cdots, a_m, b_1, b_2, \cdots, b_m$ は任意定数で

初期条件などを用いて定めることができる．

ここで，
$$\boldsymbol{u}^{(k)}(t) = \sin(\omega_k t + \gamma_k)\, \boldsymbol{p}_k$$

とおくとこれは (3.5) の解になっているが，t に関して周期的である．これを**固有振動解**ともいい，ある意味で単純な運動を表している．固有振動解のある瞬間の状態を図で表す（$m=8, k=1,2,3$ の場合）．

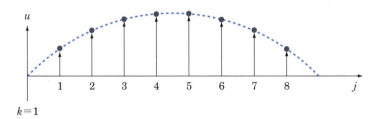

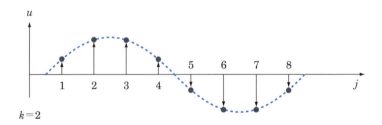

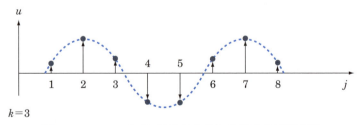

図 3.5　$m=8$（8 個のおもり）の場合の固有振動 $k=1,2,3$ の時刻 t での変位の様子．番号 j のおもりに対する変位を縦軸にとっている．

3.1. 減衰振動と連成振動

$m = 3$ の具体例 (3.5) の一般の解はこれらの固有振動解の線形結合の形で表され，複雑な挙動となる．$m = 3$ の場合の例を計算してみる．初期条件

$$u_1(0) = 1, \quad u_1'(0) = u_2(0) = u_2'(0) = u_3(0) = u_3'(0) = 0$$

を課したときの解を計算する．

$$
\boldsymbol{u}(t) = \begin{bmatrix} u_1(t) \\ u_2(t) \\ u_3(t) \end{bmatrix}
$$

$$
= (a_1 \cos \omega_1 t + b_1 \sin \omega_1 t) \begin{bmatrix} \sin(\theta_1) \\ \sin(2\theta_1) \\ \sin(3\theta_1) \end{bmatrix}
$$

$$
+ (a_2 \cos \omega_2 t + b_2 \sin \omega_2 t) \begin{bmatrix} \sin(\theta_2) \\ \sin(2\theta_2) \\ \sin(3\theta_2) \end{bmatrix}
$$

$$
+ (a_3 \cos \omega_3 t + b_3 \sin \omega_3 t) \begin{bmatrix} \sin(\theta_3) \\ \sin(2\theta_3) \\ \sin(3\theta_3) \end{bmatrix}
$$

$\theta_k = k\pi/4$ と $t = 0$ での初期条件を用いて計算すると

$$a_1 = a_3 = \frac{1}{2\sqrt{2}}, \quad a_2 = \frac{1}{2},$$

$$b_1 = b_2 = b_3 = 0$$

だからもとの式に代入して次を得る．

$$
\boldsymbol{u}(t) = \frac{1}{4} \cos(\omega_1 t) \begin{bmatrix} 1 \\ \sqrt{2} \\ 1 \end{bmatrix} + \frac{1}{2} \cos(\omega_2 t) \begin{bmatrix} 1 \\ 0 \\ -1 \end{bmatrix} + \frac{1}{4} \cos(\omega_3 t) \begin{bmatrix} 1 \\ -\sqrt{2} \\ 1 \end{bmatrix}
$$

ただし

$$\omega_1 = 2\sqrt{\frac{K}{M}} \sin \frac{\pi}{8}, \quad \omega_2 = 2\sqrt{\frac{K}{M}} \sin \frac{\pi}{4}, \quad \omega_3 = 2\sqrt{\frac{K}{M}} \sin \frac{3\pi}{8}$$

各成分ごとの時間変化のグラフは下図となり複雑な様子がわかる．

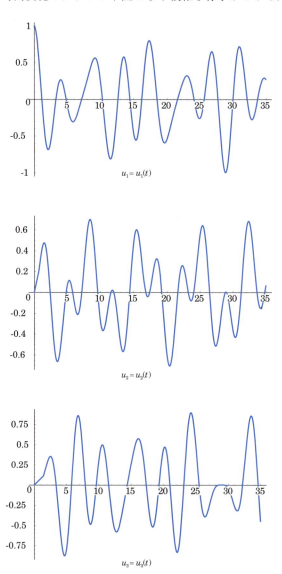

図 3.6 $u_1 = u_1(t), u_2 = u_2(t), u_3 = u_3(t)$ の時間変化（$M = K = 1$ の場合）

3.2 スロープ上を運動する質点の問題

まず図のように滑らかな半円形の斜面を重力（鉛直下向き，重力加速度 g）に任せて質点が運動する現象は振り子のように往復の運動をする（微分方程式は全く同じ）．本節では半円形とサイクロイド形の斜面上の質点の運動を単振動に関連させて考察する．

(I) **円振り子**　図のように円周上にある質点が振動する現象を考える．ただし，鉛直下向きには一様な重力加速度 $\bm{G} = (0, -g)$ が働いているとする．

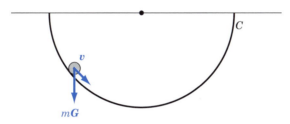

図 3.7　半円斜面 C 上の質点の運動

円周はパラメータ θ を用いて

$$C : x = \sin\theta, \quad y = 1 - \cos\theta \quad (-\pi/2 \leqq \theta \leqq \pi/2) \tag{3.9}$$

によって与えられている．従って質点の位置は

$$(x(t), y(t)) = (\sin\theta(t), 1 - \cos\theta(t))$$

とおくことができる．速度ベクトル $\bm{v}$，加速度ベクトル $\bm{a}$ を関数 $\theta(t)$ を用いて表すと

$$\bm{v} = \frac{d}{dt}\begin{bmatrix}x \\ y\end{bmatrix} = \frac{d\theta}{dt}\begin{bmatrix}\cos\theta \\ \sin\theta\end{bmatrix}$$

$$\bm{a} = \frac{d}{dt}\bm{v} = \frac{d^2\theta}{dt^2}\begin{bmatrix}\cos\theta \\ \sin\theta\end{bmatrix} + \left(\frac{d\theta}{dt}\right)^2\begin{bmatrix}-\sin\theta \\ \cos\theta\end{bmatrix}$$

質点に働く力のベクトル $\bm{F}$ は重力と斜面から受ける抗力 $\bm{H}$ の合成であるから

90　　第 3 章　微分方程式の応用

$$\boldsymbol{F} = \begin{bmatrix} 0 \\ -Mg \end{bmatrix} + \boldsymbol{H}$$

となる．これを運動方程式

$$M\boldsymbol{a} = \boldsymbol{F} \tag{3.10}$$

に代入して $\boldsymbol{H}$ と $\boldsymbol{v} = \dfrac{d\theta}{dt}\begin{bmatrix} \cos\theta \\ \sin\theta \end{bmatrix}$ は直交するから (3.10) と $\begin{bmatrix} \cos\theta \\ \sin\theta \end{bmatrix}$ との内積をとって

$$\frac{d^2\theta}{dt^2} + g\,\sin\theta = 0 \tag{3.11}$$

実際の運動を考える．簡単のため $t = 0$ で $\theta = -\theta_0 < 0$ から静かにスタート（$\theta'(0) = 0$）させたときを考える．(3.11) の両辺に $d\theta/dt$ を掛けて 0 から t までの積分し初期条件を用いると

$$\frac{1}{2}\left(\frac{d\theta}{dt}\right)^2 + g(1 - \cos\theta(t)) = g(1 - \cos\theta_0)$$

を得る．これから $d\theta/dt = \pm\sqrt{2g(\cos\theta - \cos\theta_0)}$ となり変数分離形である．よって

$$\frac{1}{\sqrt{\cos\theta - \cos\theta_0}}\frac{d\theta}{dt} = \pm\sqrt{2g}$$

となる．さて往復運動の周期 T を求めてみよう．$\theta'(t) \geqq 0$ であるような区間は半周期であるから両辺を 0 から $T/2$ で積分することは θ は $-\theta_0$ から θ_0 まで変化する．これによって置換積分して

$$\int_0^{T/2} \frac{(d\theta/dt)}{\sqrt{\cos\theta - \cos\theta_0}}\,dt = \sqrt{2g}\,\frac{T}{2}$$

より

$$T = \sqrt{\frac{2}{g}}\int_{-\theta_0}^{\theta_0} \frac{d\theta}{\sqrt{\cos\theta - \cos\theta_0}}$$

3.2. スロープ上を運動する質点の問題

(II) **サイクロイド振り子**　(I) においては斜面の形状は円周の形であったが，それを**サイクロイド曲線**とよばれるものにして同じ問題を考える．

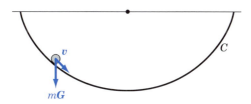

図 3.8　サイクロイド斜面 C 上の質点の運動

$$C: x = \theta + \sin\theta, \quad y = 1 - \cos\theta \quad (-\pi \leqq \theta \leqq \pi) \tag{3.12}$$

時刻 t における質点の位置を

$$(x(t), y(t)) = (\theta(t) + \sin\theta(t), 1 - \cos\theta(t))$$

とおくことができる．これによって速度ベクトル $\boldsymbol{v}$，加速度ベクトル $\boldsymbol{a}$ を $\theta(t)$ を用いて表す．

$$\boldsymbol{v} = \frac{d}{dt}\begin{bmatrix} x \\ y \end{bmatrix} = \frac{d\theta}{dt}\begin{bmatrix} 1+\cos\theta \\ \sin\theta \end{bmatrix}$$

$$\boldsymbol{a} = \frac{d}{dt}\boldsymbol{v} = \frac{d^2\theta}{dt^2}\begin{bmatrix} 1+\cos\theta \\ \sin\theta \end{bmatrix} + \left(\frac{d\theta}{dt}\right)^2 \begin{bmatrix} -\sin\theta \\ \cos\theta \end{bmatrix}$$

質点に働く力のベクトル $\boldsymbol{F}$ は重力と斜面から受ける抗力 $\boldsymbol{H}$ の合成であるから

$$\boldsymbol{F} = \begin{bmatrix} 0 \\ -Mg \end{bmatrix} + \boldsymbol{H}$$

であり，これらを運動方程式 $M\boldsymbol{a} = \boldsymbol{F}$ にあてはめて

$$M\left\{\frac{d^2\theta}{dt^2}\begin{bmatrix} 1+\cos\theta \\ \sin\theta \end{bmatrix} + \left(\frac{d\theta}{dt}\right)^2 \begin{bmatrix} -\sin\theta \\ \cos\theta \end{bmatrix}\right\} = \begin{bmatrix} 0 \\ -Mg \end{bmatrix} + \boldsymbol{H} \tag{3.13}$$

を得る．さて，$\boldsymbol{H}$ とベクトル $\boldsymbol{v} = \dfrac{d\theta}{dt}\begin{bmatrix} 1+\cos\theta \\ \sin\theta \end{bmatrix}$ は直交するので，(3.13)

92 第 3 章　微分方程式の応用

と $\begin{bmatrix} 1 + \cos\theta \\ \sin\theta \end{bmatrix}$ との内積をとって

$$M\left[\{(1 + \cos\theta)^2 + \sin^2\theta\}\frac{d^2\theta}{dt^2} \right.$$

$$\left. + \{(1 + \cos\theta)(-\sin\theta) + \sin\theta\cos\theta\}\left(\frac{d\theta}{dt}\right)^2 \right]$$

$$= -Mg\sin\theta$$

を計算して

$$M\left\{ 4\cos\frac{\theta}{2}\frac{d^2\theta}{dt^2} - 2\sin\frac{\theta}{2}\left(\frac{d\theta}{dt}\right)^2 \right\} = -2Mg\sin\frac{\theta}{2}$$

となる．ここで

$$\frac{d}{dt}\sin\frac{\theta}{2} = \frac{1}{2}\frac{d\theta}{dt}\cos\frac{\theta}{2},$$

$$\frac{d^2}{dt^2}\sin\frac{\theta}{2} = \frac{1}{2}\frac{d^2\theta}{dt^2}\cos\frac{\theta}{2} - \frac{1}{4}\left(\frac{d\theta}{dt}\right)^2\sin\frac{\theta}{2}$$

を用いると，$\varphi(t) = \sin(\theta(t)/2)$ に関する微分方程式

$$\frac{d^2\varphi}{dt^2} + \frac{g}{4}\varphi = 0 \tag{3.14}$$

を得る．よって $\omega = (g/4)^{1/2}$ とすると 1 章定理 4 より

$$\varphi(t) = a\cos(\omega t + \gamma)$$

$$\theta(t) = 2\arcsin(a\cos(\omega t + \gamma)) \tag{3.15}$$

ここで a, γ は初期条件で定まる定数である．従って，$\theta(t)$ がわかり，運動が解析された．ところで $\theta(t + 2\pi/\omega) = \theta(t)$ であるからこの運動は周期的であり，周期 π/ω は g のみで定まり，初期条件等で決まる a, γ にはよらないことに注意しよう．これをサイクロイド振り子の**完全等時性**とよぶ．

問 3　時刻 $t = 0$ で，図 3.8 のサイクロイドの壁の一番高いところ（$\theta = -\pi$）から静かに質点を離したときの運動の解を求めよ．

(III) **一般のスロープ上の質点の運動**　図のような滑らかな（摩擦のない）斜面を質量 M の質点が A 地点から B 地点まで滑り落ちる運動を考える．ただし，鉛直下向きには一定重力（重力加速度 g）が働いているとする．また，直交座標を水平方向を x 軸，y 軸とし，A $=(0,a)$, B $=(b,0)$ とする．

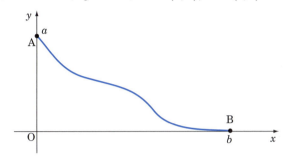

図 3.9　グラフ $y = \varphi(x)$ で表される斜面．斜面が途中で x 軸より下にあってもよい．A 地点が斜面の最高地点であることが本質．

斜面は滑らかな関数によって $y = \varphi(x)$ $(0 \leqq x \leqq b)$ と表されているとする．ただし，次が仮定されている．

$$\varphi(0) = a > 0, \quad \varphi(b) = 0, \quad \varphi(x) < a \quad (0 < x \leqq b) \tag{3.16}$$

時刻 t の質点の位置を $(\theta(t), \varphi(\theta(t)))$ とする．物体が斜面から受ける力（垂直抗力）を $\boldsymbol{H}$ とする．まず，速度は

$$\boldsymbol{v} = \left(\frac{d}{dt}\theta(t), \frac{d}{dt}\varphi(\theta(t))\right) = \frac{d\theta}{dt}\left(1, \frac{d\varphi}{dx}(\theta)\right)$$

また，加速度は

$$\boldsymbol{a} = \left(\frac{d^2}{dt^2}\theta(t), \frac{d^2}{dt^2}\varphi(\theta(t))\right) = \left(\frac{d^2\theta}{dt^2}, \varphi'(\theta)\frac{d^2\theta}{dt^2} + \varphi''(\theta)\left(\frac{d\theta}{dt}\right)^2\right)$$

質点に作用する外力は

$$\boldsymbol{F} = (0, -Mg) + \boldsymbol{H}$$

である．よって，$M\boldsymbol{a} = \boldsymbol{F}$ にあてはめて

94　　　第3章　微分方程式の応用

$$M\left(\frac{d^2}{dt^2}\theta(t), \frac{d^2}{dt^2}\varphi(\theta(t))\right) = (0, -Mg) + \boldsymbol{H}$$

さて，この式の両辺と $\boldsymbol{v}$ との内積を考えると，$\boldsymbol{v} \perp \boldsymbol{H}$ であるから

$$M\left(\frac{d\theta}{dt}\frac{d^2}{dt^2}\theta(t) + \frac{d}{dt}\varphi(\theta(t))\frac{d^2}{dt^2}\varphi(\theta(t))\right) = -Mg\frac{d}{dt}\varphi(\theta(t))$$

$$\frac{1}{2}\frac{d}{dt}\left\{\left(\frac{d\theta}{dt}\right)^2 + \left(\frac{d}{dt}\varphi(\theta(t))\right)^2\right\} = -g\frac{d}{dt}\varphi(\theta(t))$$

これを積分して，

$$\left(\frac{d\theta}{dt}\right)^2 + \left(\frac{d}{dt}\varphi(\theta(t))\right)^2 = -g\,\varphi(\theta(t)) + c \tag{3.17}$$

を得る．ただし，c は定数で，$t = 0$ の条件 $\theta(0) = 0$, $\varphi(0) = a$ を用いて $c = ga$ である．この式は

$$(1 + \varphi'(\theta)^2)\left(\frac{d\theta}{dt}\right)^2 = 2g\,(a - \varphi(\theta))$$

とも表せる．これから $d\theta/dt \geqq 0$ とすると，

$$\sqrt{\frac{1 + \varphi'(\theta)^2}{2g(a - \varphi(\theta))}}\,\frac{d\theta}{dt} = 1$$

これは変数分離形の方程式だから，計算を進めることができる．t で積分して $\xi = \theta(t)$ によって置換積分して

$$\int_0^{\theta(s)} \sqrt{\frac{1 + \varphi'(\xi)^2}{2g(a - \varphi(\xi))}}\,d\xi = s \quad (s \geqq 0) \tag{3.18}$$

を得る．これは時刻 s のときの質点の x 座標 $\theta(s)$ が満たす関係式である．ここで，時刻 T のとき B 地点に到着するとすると $\theta(T) = b$ として

$$T = \frac{1}{\sqrt{2g}} \int_0^b \sqrt{\frac{1 + \varphi'(\xi)^2}{a - \varphi(\xi)}}\,d\xi \tag{3.19}$$

を得る．この式の右辺はスロープの形の関数 φ によって定まる．

問4　$a = b = 1$, $\varphi(\xi) = 1 - \xi$ の場合の所要時間 T を計算せよ．

3.3 2体問題（ケプラーの法則）

本節では天体の運行にみられる 2 体問題を考える．太陽のまわりの惑星の公転運動について，天文学者ケプラーはチコ・ブラーエの長年の観測データと実験的な計算により，有名な三つの法則を導いた．本節では，万有引力の法則と運動方程式から惑星の運動が楕円軌道になるというケプラーの第 1 法則を計算で導いてみる．まず，万有引力について説明する．

万有引力の法則 空間の 2 点 r_1, r_2 に存在する，それぞれ質量 M_1, M_2 の質点は互いに $GM_1M_2/|r_1 - r_2|^2$ の力で引きあう．ただし，$G > 0$ は**万有引力定数**とよばれる定数．

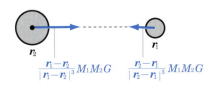

図 3.10 万有引力

注 惑星などの天体は実際は質点ではないが，その大きさが天体の間の距離に比べ微小で無視できるとみなして，この法則を適用できると考える．

さて 2 体問題を考える．中心に固定された質量 $M > 0$ の天体 O があり，その引力の影響下で周囲を質量 $m > 0$ の天体 P が運行している状態を考える．

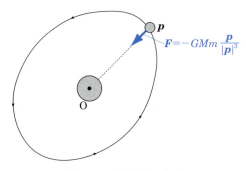

図 3.11 天体 P の運動

96　　　　　　第 3 章　微分方程式の応用

このとき，P には万有引力の法則によって力（ベクトル）

$$\boldsymbol{F}(\boldsymbol{p}) = -GMm\frac{\boldsymbol{p}}{|\boldsymbol{p}|^3} \tag{3.20}$$

が働く．ニュートンの運動方程式にあてはめると

$$m\frac{d^2}{dt^2}\boldsymbol{p} = -GMm\frac{\boldsymbol{p}}{|\boldsymbol{p}|^3} \tag{3.21}$$

P は，初期状態における $\overrightarrow{\mathrm{OP}}$ と速度ベクトルが生成する平面内を運行することになる．これは P に働く力がこの平面内の方向をつねに向くことになっているためである．よって，最初から一つの平面内をとって，そこでの運動を考えて一般性を失わない．P の位置を O を中心とする直交座標の成分を用いて $\boldsymbol{p} = (x, y)$ として運動方程式を書き下すと

$$m\frac{d^2}{dt^2}\begin{bmatrix} x \\ y \end{bmatrix} = -GMm\frac{1}{(x^2 + y^2)^{3/2}}\begin{bmatrix} x \\ y \end{bmatrix} \tag{3.22}$$

さて x, y を次の関係式で決まる変換で u, θ に変換して方程式をたてる．

$$\begin{aligned} x &= \frac{1}{u}\cos\theta, \\ y &= \frac{1}{u}\sin\theta \end{aligned} \tag{3.23}$$

このとき $u = 1/\sqrt{x^2 + y^2}$ に注意する．

$$\frac{d}{dt}\begin{bmatrix} x \\ y \end{bmatrix} = \frac{-u'}{u^2}\begin{bmatrix} \cos\theta \\ \sin\theta \end{bmatrix} + \frac{\theta'}{u}\begin{bmatrix} -\sin\theta \\ \cos\theta \end{bmatrix},$$

$$\frac{d^2}{dt^2}\begin{bmatrix} x \\ y \end{bmatrix} = \left(\frac{-u''}{u^2} + \frac{2u'^2}{u^3}\right)\begin{bmatrix} \cos\theta \\ \sin\theta \end{bmatrix} - \frac{2u'}{u^2}\begin{bmatrix} -\sin\theta \\ \cos\theta \end{bmatrix}$$

$$- \frac{\theta'^2}{u}\begin{bmatrix} \cos\theta \\ \sin\theta \end{bmatrix} + \frac{\theta''}{u}\begin{bmatrix} -\sin\theta \\ \cos\theta \end{bmatrix}$$

ただし，

$$u' = \frac{du}{dt}, \quad \theta' = \frac{d\theta}{dt}, \quad u'' = \frac{d^2u}{dt^2}, \quad \theta'' = \frac{d^2\theta}{dt^2}$$

3.3. 2体問題 (ケプラーの法則) **97**

とした. 方程式を用いて

$$
\begin{cases}
\left(-\dfrac{u''}{u^2} + \dfrac{2u'^2}{u^3} \right) - \dfrac{1}{u}\theta'^2 = -u^2 MG \\[2mm]
-\dfrac{2u'\theta'}{u^2} + \dfrac{\theta''}{u} = 0
\end{cases}
\tag{3.24}
$$

を得る. (3.24) の第2式を変形して

$$
\frac{d}{dt}\left(\frac{\theta'}{u^2} \right) = 0
$$

となる. よって,

$$
\theta' = \frac{d\theta}{dt} = cu^2 \quad (c : 定数)
\tag{3.25}
$$

を得た. ここで, P の軌道は θ の関数として $u = u(\theta)$ の関係式で得られると仮定して $u, du/d\theta, d^2u/d\theta^2$ の関係式を計算して, u の θ 微分に関する微分方程式をつくる. まず

$$
\frac{du}{d\theta} = \frac{du}{dt} \bigg/ \frac{d\theta}{dt}
$$

であるから (3.25) より

$$
\frac{du}{dt} = cu^2 \frac{du}{d\theta}
$$

を得る. この式を t で微分して

$$
\begin{aligned}
\frac{d^2u}{dt^2} &= 2cu\frac{du}{dt}\frac{du}{d\theta} + cu^2 \frac{d^2u}{d\theta^2}\frac{d\theta}{dt} \\[2mm]
&= 2c^2 u^3 \left(\frac{du}{d\theta} \right)^2 + c^2 u^4 \frac{d^2u}{d\theta^2}
\end{aligned}
$$

これまで得られたことを (3.24) の第1式に代入して $u' = du/dt, u'' = d^2u/dt^2$ を消去すると

$$
-2c^2 u \left(\frac{du}{d\theta} \right)^2 - c^2 u^2 \frac{d^2u}{d\theta^2} + 2c^2 u \left(\frac{du}{d\theta} \right)^2 - \frac{1}{u}c^2 u^4 = -u^2 MG
$$

計算すると, 次の線形微分方程式を得る.

98　　　　　　　　　第 3 章　微分方程式の応用

$$\frac{d^2u}{d\theta^2} + u = \frac{MG}{c^2} \tag{3.26}$$

これは 1 章で扱った形で一般解として

$$u(\theta) = \frac{MG}{c^2} + d\cos(\theta + \theta_0) \quad (d, \theta_0 : 定数)$$

が得られる. よって P の軌道は

$$\boldsymbol{p} = \begin{bmatrix} x \\ y \end{bmatrix} = \frac{1}{\frac{MG}{c^2} + d\cos(\theta + \theta_0)} \begin{bmatrix} \cos\theta \\ \sin\theta \end{bmatrix}$$

これはパラメータ $0 \leqq \theta < 2\pi$ をもつ曲線とみなし C とおく. C の性質をみるため O を中心に θ_0 だけ回転し, それを C' とする. ただし回転によって幾何学的な性質は変わらないことに注意. 変換

$$\begin{bmatrix} \widetilde{x} \\ \widetilde{y} \end{bmatrix} = \begin{bmatrix} \cos\theta_0 & -\sin\theta_0 \\ \sin\theta_0 & \cos\theta_0 \end{bmatrix} \begin{bmatrix} x \\ y \end{bmatrix}$$

によって C を移す.

$$\begin{bmatrix} \widetilde{x} \\ \widetilde{y} \end{bmatrix} = \frac{1}{\frac{MG}{c^2} + d\cos(\theta + \theta_0)} \begin{bmatrix} \cos(\theta + \theta_0) \\ \sin(\theta + \theta_0) \end{bmatrix}$$

$\widetilde{x}, \widetilde{y}$ の関係式を求めるため $\cos(\theta + \theta_0), \sin(\theta + \theta_0)$ について解くと

$$\cos(\theta + \theta_0) = \frac{\frac{MG}{c^2}\widetilde{x}}{1 - d\widetilde{x}},$$

$$\sin(\theta + \theta_0) = \frac{\frac{MG}{c^2}\widetilde{y}}{1 - d\widetilde{x}}$$

であり, これから $\cos^2(\theta + \theta_0) + \sin^2(\theta + \theta_0) = 1$ へ代入して θ を消去して整理して

$$(1 - \rho^2)\left\{\widetilde{x} + \frac{d}{(MG/c^2)^2(1 - \rho^2)}\right\}^2 + \widetilde{y}^2 = \frac{1}{(MG/c^2)^2(1 - \rho^2)} \tag{3.27}$$

という 2 次曲線の方程式を得る. ここで, $\rho = d/(\frac{MG}{c^2}) > 0$ とおき, $\rho \neq 1$ と仮定した. この 2 次曲線は $\rho > 1$ ならば**双曲線**, $0 < \rho < 1$ ならば**楕円**となる. $\rho = 1$ の場合は同じ代入計算をして

3.3. 2体問題(ケプラーの法則)

$$\widetilde{x} = \frac{1}{2d} - \frac{1}{2d}\left(\frac{MG}{c^2}\right)^2 \widetilde{y}^2$$

となり放物線になる. ρ は**離心率**とよばれる幾何学的な量で円とどれくらいかけ離れているかを表している. いずれにしても, 方程式 (3.21) の解は 2 次曲線の上を動くことになる. ここで, d, c は (もちろん ρ も), 初期条件 ($t = 0$ における) から決まる量である. いずれにしても P は上の三種類のどれかの運動をするわけである. ここで, 同一方程式が支配する運動でも初期条件が異なることによって運動の様子がいろいろあり得ることに注意されたい. 太陽系の惑星はおおむね楕円軌道をもつ. また, よく観測される彗星も多くは楕円軌道をもつ. しかし, 計算上は双曲線や放物線の軌道をもつ天体があってもよいことになる. ケプラーは主に観測に立脚していたので惑星が楕円軌道を描くことを第 1 法則として結論した.

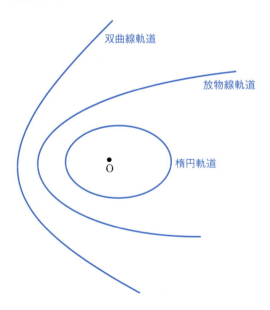

図 **3.12** 天体 P の運動の 3 タイプ

100　　　　　　　第 3 章　微分方程式の応用

3.4　変分法と最速降下曲線の問題

　まず一般に**変分問題**というものについて説明しよう．これは**最大最小問題**とよんでもよいもので，変数 X をもつ実数値関数 $\mathcal{F} = \mathcal{F}(X)$ について，どのような X について $\mathcal{F}$ が最小（あるいは最大）になるのかを問題にすることである．変数 X が動く範囲を W とする．すなわち，写像

$$W \ni X \longmapsto \mathcal{F}(X) \in \mathbb{R}$$

において $\mathcal{F}(X)$ のとり得る限界を調べることである．たとえば，簡単な例としては微分積分の初歩でよく登場する最小値（極小値）問題である．$W = \mathbb{R}$ 上の 1 変数関数 $f(x) = x^4 - 4x^2 + 1$ に対して，f の最小値とそれを与える x を求めよ，というものである．この場合は，導関数 f' が 0 になるような x（**停留点**）を求め，さらに前後での f' の符号をみて増減を検討することによって状況を調べることができる．この場合，変数 x はわかりやすい 1 次元の集合 $W = \mathbb{R}$ を動いた．すなわち変数 x の**自由度**は 1 である．もう少し込み入ったものでは多変数関数 $f(x_1, x_2, \cdots, x_m)$ の極値問題で微分積分学でよく扱われるのでなじみがある．この場合では W は **m 自由度**がある．

　以上の例よりだいぶ難解であるが応用上重要な変分問題がいろいろ存在する．本節ではそのようなもののうち典型とされる**最速降下曲線**の問題を扱う．3.2 節 (III) で扱ったスロープを下る質点の問題を思い出そう．図 3.13 のように A 地点から B 地点に至る滑らかなスロープ $y = \varphi(x)$ を与えて質点が重力によってスロープを滑り降りる所要時間を計算した．いろいろなスロープを与える中で，どのスロープが T を最小にするか？ という問題を考えるのである．この場合は W は A 地点から B 地点へのスロープの全体ということになり，一見すると捉らえどころのないものである．実はこの W は無限の自由度がある（有限個のパラメータによって表せない）ので，そこが技術的に難しいところでもあり，変分法の大きな魅力でもある．さて，一つ一つのスロープは φ という関数で表せるが，所要時間 $T(\varphi)$ は具体的に

$$T(\varphi) = \frac{1}{\sqrt{2g}} \int_0^b \sqrt{\frac{1 + \varphi'(x)^2}{a - \varphi(x)}}\, dx \quad (\varphi \in W) \tag{3.28}$$

であることが 3.2 節において得られていた．以下でまず W を定式化する．$T(\varphi)$

3.4. 変分法と最速降下曲線の問題

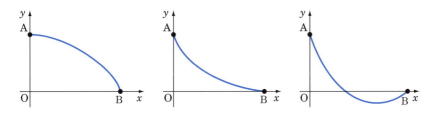

図 **3.13** どのような斜面が最適か？

を最小にするような $\varphi \in W$ を考察する．

$$W = \{\varphi \in C^1((0,b)) \cap C^0([0,b]) \mid$$
$$\varphi(0) = a,\ \varphi(b) = 0,\ \varphi(x) < a\ (0 < x < b)\}$$

記号の簡単のため 2 変数 p, q をもつ関数 $F = F(p, q)$ を

$$F(p, q) = \frac{1}{\sqrt{2g}} \sqrt{\frac{1+q^2}{a-p}} \quad (p, q \in \mathbb{R},\ p < a) \tag{3.29}$$

とおけば，次のように表せる．

$$T(\varphi) = \int_0^b F(\varphi(x), \varphi'(x))\, dx \quad \left(\varphi' = \frac{d\varphi}{dx}\right) \tag{3.30}$$

変分原理　さて最適な φ を求めるための微分方程式（変分方程式）を計算したい．そのため次の補助的な定理を準備する．これは**変分原理**とよばれ，変分法でしばしば使われるものである．

命題 1（変分原理）　区間 $I = (0, b)$ 上の連続関数 $\xi = \xi(x)$ が次の条件を満たすとする．

(∗)　$\eta(0) = \eta(b) = 0$ を満たす任意の $\eta \in C^1([0, b])$ に対して

$$\int_0^b \xi(x) \eta(x)\, dx = 0$$

である．
このとき，$\xi(x) \equiv 0\ (x \in I)$ である．

102　　　第 3 章　微分方程式の応用

証明　もし $\xi(x) \not\equiv 0$ ならば，ある $x_0 \in I$ があって $\xi(x_0) \neq 0$ である．$\xi(x_0) > 0$ の場合は連続性により，$\delta > 0$ を小さくとって $\xi(x) \geqq \xi(x_0)/2$ $(x_0 - 2\delta \leqq x \leqq x_0 + 2\delta)$ とできる．ここで，$\eta = \eta(x)$ として

$$\eta(x) = 0 \quad (x \in I, |x - x_0| \geqq 2\delta),$$

$$\eta(x) = 1 \quad (x \in I, |x - x_0| \leqq \delta)$$

となるような 0 以上の値をとる滑らかな関数をとる．命題の条件 (∗) から

$$0 = \int_I \xi(x)\eta(x)\,dx \geqq \int_{x_0-\delta}^{x_0+\delta} \xi(x)\eta(x)\,dx$$

$$\geqq \frac{\xi(x_0)}{2} \times 2\delta > 0$$

となり矛盾．$\xi(x_0) < 0$ の場合は，$-\xi(x)$ で考えて同様に矛盾を導くことができて，結局 $\xi(x) \equiv 0$ を得る．■

　変分方程式　$\varphi \in X$ に対し T が最小になったとする．いま，$\psi(0) = \psi(b) = 0$ となる $\psi \in C^0\,([0,b]) \cap C^1((0,b))$ と $t \in \mathbb{R}$ を任意にとる．ただし，$\delta > 0$ を小さくして $|t| < \delta$ の範囲では $\varphi + t\psi \in W$ となるようにしておく．このようなとき

$$T(\varphi) \leqq T(\varphi + t\psi) \quad (-\delta < t < \delta)$$

さて，右辺を ψ を固定して t の関数とみるとき $t = 0$ で最小値をとり，等号が成立するので

$$\frac{d}{dt}T(\varphi + t\psi)_{|t=0} = 0$$

を得る．この式の左辺を具体的に計算する．

$$左辺 = \frac{d}{dt}\int_0^b F(\varphi + t\psi, \varphi' + t\psi')\,dx_{|t=0}$$

$$= \int_0^b \left(\frac{\partial F}{\partial p}(\varphi, \varphi')\psi + \frac{\partial F}{\partial q}(\varphi, \varphi')\psi' \right) dx$$

ここで，部分積分をして第 2 項 $d\psi/dx$ の微分を移すが，このとき ψ は

3.4. 変分法と最速降下曲線の問題　　**103**

$x = 0, x = b$ で 0 であることに注意すると

$$\int_0^b \left\{ \frac{\partial F}{\partial p}(\varphi, \varphi') - \frac{d}{dx}\left(\frac{\partial F}{\partial q}(\varphi, \varphi')\right) \right\} \psi \, dx = 0$$

を得る．ここで変分原理を適用して関係式

$$\frac{\partial F}{\partial p}(\varphi, \varphi') - \frac{d}{dx}\left(\frac{\partial F}{\partial q}(\varphi, \varphi')\right) = 0 \tag{3.31}$$

が得られる．

命題 2　T を最小化する $\varphi \in W$ があるとすると

$$\frac{d}{dx}\left(\varphi' \frac{\partial F}{\partial q}(\varphi, \varphi') - F(\varphi, \varphi')\right) = 0 \tag{3.32}$$

が成立する．

証明

$$\begin{aligned}
左辺 &= \varphi'' \frac{\partial F}{\partial q}(\varphi, \varphi') + \varphi' \frac{d}{dx}\left(\frac{\partial F}{\partial q}(\varphi, \varphi')\right) \\
&\quad - \frac{\partial F}{\partial p}(\varphi, \varphi')\varphi' - \frac{\partial F}{\partial q}(\varphi, \varphi')\varphi'' \\
&= \varphi' \frac{d}{dx}\left(\frac{\partial F}{\partial q}(\varphi, \varphi')\right) - \frac{\partial F}{\partial p}(\varphi, \varphi')\varphi'
\end{aligned}$$

が得られた．ここで，変分方程式 (3.31) を用いて結論を得る．∎

　最速降下曲線　さてこの命題 2 を使って最速な降下曲線を考えよう．(3.32) を利用する．

$$\frac{\partial F}{\partial q} = \frac{1}{\sqrt{2g}} \frac{q}{\sqrt{(a-p)(1+q^2)}}$$

より，関係式 (3.32) にあてはめて

$$\frac{d}{dx}\left(\varphi' \frac{\varphi'}{\sqrt{(a-\varphi)(1+\varphi'^2)}} - \sqrt{\frac{1+\varphi'^2}{a-\varphi}}\right) = 0$$

104　　　　　　第 3 章　微分方程式の応用

を得るが，これは通分によって簡単化されて

$$\frac{d}{dx}\left(\frac{-1}{\sqrt{(a-\varphi)(1+\varphi'^2)}}\right)=0$$

となり

$$(a-\varphi)(1+\varphi'^2)=c^2>0$$

を得る．ただし c は正定数．これを変形して $\varphi'(x)^2=\{c^2-(a-\varphi)\}/(a-\varphi)$ となる．ここで

$$a-\varphi=\frac{c^2}{2}(1-\cos\theta)$$

という変換を考える．そうすると

$$\varphi'(x)^2=\frac{1+\cos\theta}{1-\cos\theta}=\cot^2\frac{\theta}{2}$$

となる．

$$\frac{d\varphi}{dx}=\frac{d\varphi}{d\theta}\bigg/\frac{dx}{d\theta}=-\frac{c^2}{2}\sin\theta\bigg/\frac{dx}{d\theta}$$

$$\frac{dx}{d\theta}=-\frac{c^2}{2}\sin\theta\bigg/\frac{d\varphi}{dx}=-\frac{c^2}{2}\frac{\sin\theta}{(\pm1)\cot(\theta/2)}$$

$$=\mp c^2\sin^2\frac{\theta}{2}=\mp\frac{c^2}{2}(1-\cos\theta)$$

よって，$\theta=0$ のとき $x=0$ であり，$\theta>0$ で $x>0$ よりプラス符号の方を選んで

$$x(\theta)=\frac{c^2}{2}(\theta-\sin\theta),\quad y(\theta)=a-\frac{c^2}{2}(1-\cos\theta)\tag{3.33}$$

というパラメータによる曲線表示を得る．これは点 A $=(0,a)$ から出発する下向きサイクロイドである．ただし，任意定数 c により様々な大きさの（互いに相似な）サイクロイドになる．さて $x=b$ のとき $y=0$ となるように $c>0$ を決めればよい．これには $c>0$ を動かして曲線が点 B $=(b,0)$ を通過するようにできればよい．これは図を描いて幾何学的な考察によって理解できる．

3.4. 変分法と最速降下曲線の問題

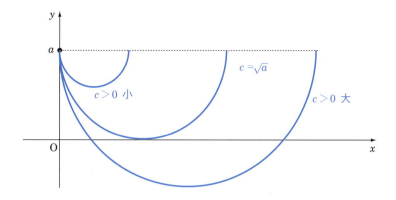

図 3.14　$c > 0$ 小, $c = \sqrt{a}, c > 0$ 大に対するサイクロイド曲線（これらは互いに相似）

すなわち $b > 0$ に対して，$\mathrm{B} = (b, 0)$ を通るような c がただ一つ存在することがわかる．ただし，$b = a\pi/2$ を境に様相が変わる．
(i)　$0 < b \leqq a\pi/2$ の場合：降下線は単調である．
(ii)　$b \geqq a\pi/2$ の場合　　：降下線は一度 $y = 0$ より下に潜ってから上昇して B に達する．

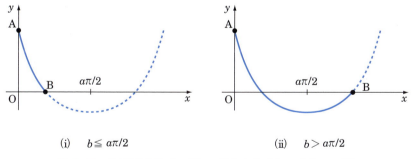

(i)　$b \leqq a\pi/2$　　　　　(ii)　$b > a\pi/2$

図 3.15　最速降下線（いずれの場合もサイクロイドの一部）

問5　$b = a\pi/2$ のとき A, B をむすぶスロープとしてサイクロイドをつくったとき $(c^2 = a)$ と，直線状の斜面をつくったときの所要時間を計算して比較せよ．

106　　第 3 章　微分方程式の応用

演 習 問 題

1. 次のような微分方程式および初期条件はどのような物理的な状況を表している
   かを考えよ.

$$M\frac{d^2 u_1}{dt^2} = -K(u_1 - u_2), \quad M\frac{d^2 u_2}{dt^2} = -K(u_2 - u_1),$$

$$u_1(0) = u_2(0) = u_2'(0) = 0, \quad u_1'(0) = 1$$

ただし, $M > 0, K > 0$ は定数. また, この方程式の解を求めよ.

2. 3.4 節の最速降下曲線の問題でどのようなスロープ $y = \varphi(x)$ をつくると所要
   時間 $T(\varphi)$ を大きくすることができるか? 考えよ.

3. a は実数定数, $b(t)$ は $[0, \infty)$ 上の実数値連続関数とする. このとき微分方程式

$$\frac{d}{dt}\begin{bmatrix} u \\ v \end{bmatrix} = \begin{bmatrix} a & -b(t) \\ b(t) & a \end{bmatrix}\begin{bmatrix} u \\ v \end{bmatrix} - (u^2 + v^2)\begin{bmatrix} u \\ v \end{bmatrix}$$

の実数値の解 $u = u(t), v = v(t)$ を考える.

   (1) $a \leqq 0$ ならば, 次のようになることを示せ.

$$\lim_{t \to \infty}(u(t), v(t)) = (0, 0)$$

   (2) $a = 1$ であり, $(u(0), v(0)) \neq (0, 0)$ ならば, 次のようになることを
       示せ.

$$\lim_{t \to \infty}(u(t)^2 + v(t)^2) = 1$$

   (ヒント : $w(t) = u(t)^2 + v(t)^2$ として $w'(t)$ を計算してみる.)

4. パラメータ表示された次の曲線はどのような曲線を表すか? 考えよ.

$$x = \frac{\sin\theta}{1 + \cos\theta}, \quad y = \frac{\cos\theta}{1 + \cos\theta} \quad (-\pi < \theta < \pi)$$

5. xyz 空間の中にパラメータ表示されたらせん状の曲線 C があるとする.

$$C : x = \cos\xi, \quad y = \sin\xi, \quad z = \xi \quad (-\infty < \xi < \infty)$$

いま z の負の方向に重力 g が働いているとする. 質点は C の中に束縛されな
がら, 摩擦を受けずにらせん曲線内を滑りながら運動する. もし質点 P が $t = 0$
で点 $(1, 0, 0)$ を初速 0 ベクトルで出発したとするとき, その後の運動を調べよ
(運動方程式を用いてもよいし, エネルギー保存を用いてもよい).

6. $R(t)$ は $[0, \infty)$ 上の連続関数で $|R(t)|$ は単調減少で $\lim_{t \to \infty}|R(t)| = 0$ であると
   仮定する. いま次の微分方程式を考える. このとき, この微分方程式の任意の
   解 $u = u(t)$ について $\lim_{t \to \infty}u(t) = 0$ が成り立つことを示せ.

$$\frac{d^2 u}{dt^2} + 3\frac{du}{dt} + 2u = R(t)$$

第 4 章

基本的な偏微分方程式

　3 章まで扱ってきた（常）微分方程式においては未知関数 u はただ一つの独立変数 x をもっていた．また，具体的な現象を扱った質点の運動の問題においては未知関数 u は点の位置を表していたが，独立変数は時刻 t のみであった．しかし，様々な物理現象などを扱う中で，複数の独立変数をもつ，あるいはベクトル値の変数をもつような未知関数とその偏導関数の関係式を扱う必要が生じる．この関係式が偏微分方程式である．たとえば，天気予報で現れる気圧配置を考えてみよう．気圧 u は場所（地点 $\boldsymbol{x}$）によって値が異なり，また時刻 t にも依存する．従って，未知関数は $u = u(t, \boldsymbol{x})$ のように独立変数 $t, \boldsymbol{x}$ をもつ．さらに変数 $\boldsymbol{x}$ 自体も多次元の座標を表している．u を用いて物理の流体力学の法則をあてはめると u とその偏導関数の複雑な関係式ができるのである．本章では物理現象に現れる偏微分方程式のうちごく基本的なものを扱い，考え方に慣れることを目標にする．

4.1　波動方程式，進行波，固有振動

　波動方程式　空気中を音が伝わったり，池の水面が上下して波紋が伝わってゆく現象は，**波動方程式**とよばれる偏微分方程式で数学的に記述される．ここではまず一番簡単な波動現象である弦の振動に関する問題をとり上げる．関数

$$u = u(t, x)$$

に関する．次の方程式を考える

$$\frac{1}{c^2}\frac{\partial^2 u}{\partial t^2} - \frac{\partial^2 u}{\partial x^2} = 0 \quad (c > 0：定数) \tag{4.1}$$

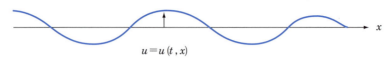

図 4.1 無限の長さの弦（$u = u(t,x)$ は変位）

変数 t, x の範囲は $\mathbb{R}$ で未知関数 $u = u(t,x)$ は 2 変数関数である．これは，**空間 1 次元版の波動方程式**とよばれるものである．この偏微分方程式の解を求めてみよう．変換式 $\xi = x + ct, \eta = x - ct$ によって，変数変換

$$(t,x) \longmapsto (\xi, \eta) \tag{4.2}$$

を行う．この変換を通じて u を (ξ, η) の関数とみなした関数を $U(\xi, \eta)$ とおいて U が満たす方程式を計算する．

$$\frac{\partial u}{\partial t} = \frac{\partial U}{\partial \xi}\frac{\partial \xi}{\partial t} + \frac{\partial U}{\partial \eta}\frac{\partial \eta}{\partial t} = c\frac{\partial U}{\partial \xi} - c\frac{\partial U}{\partial \eta},$$

$$\frac{\partial u}{\partial x} = \frac{\partial U}{\partial \xi}\frac{\partial \xi}{\partial x} + \frac{\partial U}{\partial \eta}\frac{\partial \eta}{\partial x} = \frac{\partial U}{\partial \xi} + \frac{\partial U}{\partial \eta},$$

$$\frac{\partial^2 u}{\partial t^2} = c\bigg\{\frac{\partial}{\partial \xi}\left(\frac{\partial U}{\partial \xi}\right)\frac{\partial \xi}{\partial t} + \frac{\partial}{\partial \eta}\left(\frac{\partial U}{\partial \xi}\right)\frac{\partial \eta}{\partial t}$$

$$- \frac{\partial}{\partial \xi}\left(\frac{\partial U}{\partial \eta}\right)\frac{\partial \xi}{\partial t} - \frac{\partial}{\partial \eta}\left(\frac{\partial U}{\partial \eta}\right)\frac{\partial \eta}{\partial t}\bigg\}$$

$$= c^2 \left(\frac{\partial^2 U}{\partial \xi^2} - 2\frac{\partial^2 U}{\partial \xi \partial \eta} + \frac{\partial^2 U}{\partial \eta^2}\right),$$

$$\frac{\partial^2 u}{\partial x^2} = \frac{\partial}{\partial \xi}\left(\frac{\partial U}{\partial \xi}\right)\frac{\partial \xi}{\partial x} + \frac{\partial}{\partial \eta}\left(\frac{\partial U}{\partial \xi}\right)\frac{\partial \eta}{\partial x}$$

$$+ \frac{\partial}{\partial \xi}\left(\frac{\partial U}{\partial \eta}\right)\frac{\partial \xi}{\partial x} + \frac{\partial}{\partial \eta}\left(\frac{\partial U}{\partial \eta}\right)\frac{\partial \eta}{\partial x}$$

$$= \frac{\partial^2 U}{\partial \xi^2} + 2\frac{\partial^2 U}{\partial \xi \partial \eta} + \frac{\partial^2 U}{\partial \eta^2}$$

もとの方程式 (4.1) へ代入して

$$\frac{\partial^2 U}{\partial \xi \partial \eta} = \frac{\partial}{\partial \xi}\left(\frac{\partial U}{\partial \eta}\right) = 0$$

4.1. 波動方程式，進行波，固有振動

を得る．この式から，$\partial U/\partial \eta$ は ξ に依存しないことがわかる．すなわち，$\partial U/\partial \eta = g(\eta)$ が得られる．$g = g(\eta)$ は任意の η の関数である．よって，このことより U は積分によって

$$U = U(\xi, \eta) = \int_0^\eta g(s)\,ds + h(\xi)$$

となる．ただし，$h(\xi)$ は ξ の任意関数．結局 $U(\xi, \eta) = G(\eta) + H(\xi)$ の形が得られた．よってもとの変数 (t, x) に戻して

$$u(t, x) = G(x - ct) + H(x + ct) \tag{4.3}$$

となる．逆に，もし G, H が任意の 2 階微分可能関数ならば，この (4.3) の u は (4.1) の解になることも簡単な計算で確かめられる．よって一般の解が得られた．さて，u の x に関するグラフを考える．式の形より u のグラフは $G \equiv 0$ の場合は t の増加とともに左に一定速度 c で平行移動してゆく．また，$H \equiv 0$ の場合は方向が逆になる．このようなものを**進行波**という．一般の解は 2 種類の（左右の）進行波の重ね合わせたものになっている．その場合でも波の伝わる速さは一定であることが特徴的である．この速度 c は**伝搬速度**とよばれている．

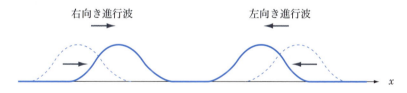

図 4.2 進行波の二つのタイプ．一般の解はこれらの重ね合わせ

初期値問題　方程式 (4.1) に初期条件を与えて解の公式を導いてみよう．

$$\frac{1}{c^2}\frac{\partial^2 u}{\partial t^2} - \frac{\partial^2 u}{\partial x^2} = 0, \quad (t, x) \in (0, \infty) \times \mathbb{R}, \tag{4.4}$$

$$u(0, x) = \phi_1(x), \quad \frac{\partial u}{\partial t}(0, x) = \phi_2(x), \quad x \in \mathbb{R} \tag{4.5}$$

(4.5) は初期条件であり，この弦を時刻 $t = 0$ ではじき方を与えている．解は以降の弦の変化を記述する．解は (4.3) の形だから G, H を決めればよい．初期条件 (4.5) より

$$G(x) + H(x) = \phi_1(x), \quad -c\,G'(x) + cH'(x) = \phi_2(x)$$

第 2 式より $-G(x) + H(x) = (1/c)\int_0^x \phi_2(y)\,dy - G(0) + H(0)$ より連立させて G, H を計算して

$$G(x) = \frac{1}{2}\left(\phi_1(x) - \frac{1}{c}\int_0^x \phi_2(y) + G(0) - H(0)\right)$$

$$H(x) = \frac{1}{2}\left(\phi_1(x) + \frac{1}{c}\int_0^x \phi_2(y) - G(0) + H(0)\right)$$

これを (4.3) 式にあてはめて次の定理を得る.

> **定理 1** (4.4), (4.5) の解は次のように表される.
> $$u(t,x) = \frac{1}{2}\{\phi_1(x+ct) + \phi_1(x-ct)\} + \frac{1}{2c}\int_{x-ct}^{x+ct}\phi_2(y)\,dy \quad (4.6)$$

　この解の公式 (4.6) をみると時空 (t–x 空間) 上の点 (t, x) での解の挙動は時刻 $t = 0$ における初期条件 ϕ_1, ϕ_2（入力データ）の区間 $[x-ct, x+ct]$ の値のみで定まることがわかる．この区間を解 u の点 (t, x) に関する**依存領域**という．また，逆に初期条件 ϕ_1, ϕ_2 の y における値は，解 u の $\{(t,x) \mid y - ct \leqq x \leqq y + ct\}$ における挙動にしか影響がおよばない，この集合を u の点 $(0, y)$ に関する**影響領域**とよぶ．どちらも方程式における係数の伝播速度 c によって決まるものである．

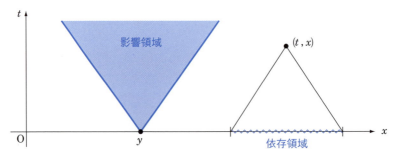

図 **4.3**　影響領域と依存領域

4.1. 波動方程式，進行波，固有振動

問 1 $\mathbb{R}$ 上の関数 ϕ_1, ϕ_2 として

$$\phi_1(x) = \begin{cases} 1 - |x| & (|x| \leqq 1) \\ 0 & (|x| > 1) \end{cases}, \quad \phi_2(x) \equiv 0$$

としたとき (4.4), (4.5) の解 $u(t, x)$ について，$t > 0$ において x の関数としてのグラフを描け．

有限の長さの弦の振動と固有振動　$L > 0$ を固定された定数とし，区間 $I = (0, L)$ で張られた弦の振動を考える．

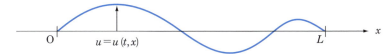

図 4.4　有限の長さの弦（$u = u(t, x)$ は変位）．両端は固定されている

弦の振動方程式は次の通り．

$$\frac{1}{c^2}\frac{\partial^2 u}{\partial t^2} - \frac{\partial^2 u}{\partial x^2} = 0, \quad (t, x) \in (0, \infty) \times I, \tag{4.7}$$

$$u(t, 0) = u(t, L) = 0, \quad t > 0 \tag{4.8}$$

変数分離法と固有振動　いきなり方程式 (4.7), (4.8) の一般の解を求めることは難しそうなので，一つの解として $u(t, x) = \phi(t)\Phi(x)$ の形で求めることを試みる．これを代入して

$$\frac{1}{c^2}\frac{\partial^2 \phi(t)}{\partial t^2}\Phi(x) - \phi(t)\frac{\partial^2 \Phi(x)}{\partial x^2} = 0$$

これを変形して

$$\frac{1}{c^2}\frac{1}{\phi(t)}\frac{\partial^2 \phi(t)}{\partial t^2} = \frac{1}{\Phi(x)}\frac{\partial^2 \Phi(x)}{\partial x^2}$$

この式の右辺は x の関数（t に依存せず）で，左辺は t の関数（x に依存せず）であるから両辺は結局は t, x 双方に依存せず定数関数となる．それを $-\lambda$ とおく．よって，二つの関係式

$$\frac{d^2 \Phi(x)}{dx^2} + \lambda \Phi(x) = 0 \quad (0 < x < L) \tag{4.9}$$

$$\frac{d^2 \phi(t)}{dt^2} + \lambda c^2 \phi(t) = 0 \quad (t > 0) \tag{4.10}$$

112　　　　　第 4 章　基本的な偏微分方程式

を得る．境界条件 (4.8) を考え

$$\Phi(0) = \Phi(L) = 0 \tag{4.11}$$

を条件に加える．さて (4.9) の一般解は

$$\Phi(x) = \begin{cases} c_1 \cos \sqrt{\lambda}x + c_2 \sin \sqrt{\lambda}x & (\lambda > 0) \\ c_1 + c_2 x & (\lambda = 0) \\ c_1 \exp(\sqrt{-\lambda}x) + c_2 \exp(-\sqrt{-\lambda}x) & (\lambda < 0) \end{cases}$$

すぐ確かめられるように境界条件 (4.11) より $\lambda \leqq 0$ は起こり得ない．また，同じ理由で $\lambda > 0$ の場合でも，いつもよいわけではない．境界条件 (4.11) より

$$c_1 = 0, \quad c_2 \sin \sqrt{\lambda}L = 0$$

$c_2 = 0$ の解には興味がないから $\sin \sqrt{\lambda}L = 0$ となり，$\sqrt{\lambda}L = \pi m$ を得る．ただし，m は自然数．このときの λ の値 $\lambda = (\pi m/L)^2$ が定まり対応する解 Φ が $\Phi(x) = \sin(\pi mx/L)$ と定まる．この λ に対する (4.10) の解は

$$\phi(t) = a \cos(c\sqrt{\lambda}t) + b \cos(c\sqrt{\lambda}t)$$

であるから，結局，解は

$$\begin{aligned} u(t,x) &= (a \cos c\sqrt{\lambda}t + b \cos c\sqrt{\lambda}t) \sin \frac{\pi mx}{L} \\ &= \tilde{a} \cos(c\sqrt{\lambda}t - \theta) \sin \frac{\pi mx}{L} \end{aligned}$$

として求められる．θ は

$$\cos \theta = \frac{a}{\sqrt{a^2 + b^2}}, \quad \sin \theta = \frac{b}{\sqrt{a^2 + b^2}}$$

で定めた．

　このような解 u は t に関して周期的である．実際 $u(t,x) = u(t + 2\pi/c\sqrt{\lambda}, x)$ となり一定周期の時間 $T = 2\pi/c\sqrt{\lambda}$ で現象を繰り返すことがわかり，**固有振動**とよばれる．弦の振動による音波の発生では，一定の高さの音が継続することに対応する．

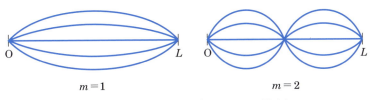

図 4.5 弦の固有振動（$m = 1, 2$ の場合）

空間 3 次元版波動方程式　3 次元の空間で空気中を音が伝わる現象も波動現象である．これは，音を発生させると空気の密度が一様でない部分があり，疎な部分と密な部分が空間を伝播してゆく現象で，それが鼓膜に到達し振動させることで人間は音を認識するのである．現象は，時刻 t, 地点 $\boldsymbol{x} = (x_1, x_2, x_3) \in \mathbb{R}^3$ での空気の "疎密の程度" を表すの関数 $u = u(t, \boldsymbol{x})$ を用いることで次の方程式のように記述される．

$$\frac{1}{\rho^2}\frac{\partial^2 u}{\partial t^2} - \Delta u = 0, \quad (t, \boldsymbol{x}) \in (0, \infty) \times \mathbb{R}^3 \tag{4.12}$$

$$u(0, \boldsymbol{x}) = \varphi_1(\boldsymbol{x}), \quad \frac{\partial u}{\partial t}(0, \boldsymbol{x}) = \varphi_2(\boldsymbol{x}), \quad \boldsymbol{x} \in \mathbb{R}^3 \tag{4.13}$$

ただし，$\Delta u = \frac{\partial^2 u}{\partial x_1^2} + \frac{\partial^2 u}{\partial x_2^2} + \frac{\partial^2 u}{\partial x_3^2}$, $\rho > 0$ は定数．ここでは，詳しい計算は省いて解を与える式のみを記述する．

定理 2　方程式 (4.12), (4.13) の解は

$$u(t, \boldsymbol{x}) = \frac{t}{4\pi} \int_{\omega \in S^2} \varphi_2(\boldsymbol{x} + t\rho\omega) \, dS_\omega$$

$$+ \frac{\partial}{\partial t}\left(\frac{t}{4\pi} \int_{\omega \in S^2} \varphi_1(\boldsymbol{x} + t\rho\omega) \, dS_\omega\right)$$

で与えられる．ここで $S^2 = \{\omega \in \mathbb{R}^3 \mid |\omega| = 1\}$ であり，dS_ω による積分は単位球面 S^2 での曲面積分である．

この公式でわかる重要なことは時間とともに空間方向に波が伝播して影響のおよぶ速さが一定速度 ρ（音速）を越えない，ということである．これは**有限**

伝播性ともいわれる波動方程式の特徴である．方程式 (4.12) は初期条件 (4.13) を特定しなければ様々な解があり得る．この方程式を音波の方程式と思えば様々な音質があることにも対応する．そしてどのような波でも波の（先端の）進む速さは ρ であることを意味している．もし，高い音と低い音や異なる音質の間で，追い抜きが起こるとすれば離れた二つの地点で人間が話すときなどは会話がうまく伝わらない．もちろん音楽の演奏なども成立し得ない（話した順序通り音が聞き手に伝わらない）．もし空間に障害物があれば反射などが起こり反響音が返ってくることがある．もちろんこの場合は x の範囲は $\mathbb{R}^3$ ではなくなり境界が生じる．高い山で『ヤッホー』とやって，やまびこが返ってくるのは別の山で反射が起こっているためである．また，いくつも『ヤッホー』が返ってくる場合は距離の異なる山や，複数の山で反射して戻ってきた結果である．その場合でも先に発せられた波である『ヤッ』が後続の波である『ホー』に追い抜かれなかったから，意味の通じるこだまが聞こえるのである．光通信でも電話でも波によって情報が伝わるが，このような伝搬速度の性質が重要なのである．

― 波のいろいろ ―

　本節では弦の振動や音波に現れる方程式としての波動方程式を扱った．そのほかの波動現象としては光，地震波，電磁波，海面波（津波）などがあげられる．前の三つは伝播速度がほぼ決まっているが，海面波はいろいろな速さのものがある（速いものは時速数百 km にも達する）．音波の場合，異なる種類（波長など）の波は異なる音程，音色に対応した．光の場合は，異なる波は異なる色に対応する．日中の太陽光はたくさんの波長の光が混じっている．人間がみることができるいろいろな色の可視光線のほか，紫外線（波長が短い），赤外線（波長が長い）などである．虹の現象は，空気の中を一緒にやってきた複数の種類の光が湿ってできた空気の無数の水滴のところで反射して波長ごとにその角度が異なり，色別になる結果である．　夕焼けが赤いのも，海が青いのも，やはり分光の結果といってよい．雪が白いのはその全く逆である．いずれにしても，人間が物をみるのは物を直接目で探知するのではなく，物で反射した光をみているのである．

4.2 固有値問題とフーリエ級数

前節で固有振動を求める際に方程式 (4.9) および境界条件 (4.11) が重要な役割を果たした. 固有振動は特殊な解で x に関してはサイン関数であり, 非常に単純であるが, しかし一般の解はこれらの固有振動の重ね合わせで表すことができる. そういう意味で固有振動は非常に基本的である. 実は方程式 (4.7) の解に限らず一般の関数も三角関数の無限級数の形に表せるのである. 実際フーリエ級数とよばれ, 理論が整備され広く応用されている. (4.9) と (4.11) を再掲する.

$$\frac{d^2\Phi}{dx^2} + \lambda\Phi = 0, \quad 0 < x < L, \quad \Phi(0) = \Phi(L) = 0 \qquad (4.14)$$

この方程式が自明でない解 Φ をもつような λ を**固有値**とよび, 対応する Φ を**固有関数**とよぶ. 前節の計算により, それぞれは自然数 m をパラメータとして

$$\lambda_m = \left(\frac{\pi m}{L}\right)^2, \quad \Phi_m(x) = \sin\left(\frac{\pi m x}{L}\right)$$

とすることができた.

注 固有関数を定数倍しても固有関数である.

上に述べたように固有値問題とか固有関数の重要性は区間 $[0, L]$ 上の関数全体というものを考える上で, その基盤をなすものであるという点にある. この意味は固有関数の線形結合によって, 任意の関数がいくらでも近似できるということである. いくつかの準備をしてから詳しい結果を述べる.

定義 区間 $[0, L]$ 上の実数値連続関数の全体を X とおく. X に内積とノルムとよばれるものを導入する. $f, g \in X$ に対して

$$((f, g)) = \int_0^L f(x)g(x)\, dx, \quad \|f\| = ((f, f))^{1/2}$$

とおく. 前者を f, g の**内積**, 後者を f の**ノルム**という.

定義から次の命題がすぐ従う.

116　　　　　第 4 章　基本的な偏微分方程式

> **命題 3**　$f, g, h \in X, \alpha, \beta \in \mathbb{R}$ に対して次の等式が成立する.
>
> $$((f, g)) = ((g, f)), \quad ((\alpha f + \beta g, h)) = \alpha((f, h)) + \beta((g, h))$$
>
> $$((f, \alpha g + \beta h)) = \alpha((f, g)) + \beta((f, h))$$

この内積は通常のユークリッド空間のベクトルの内積と同様の性質をもち, ノルムは X の要素の大きさを与えている. これによって, 連続関数の全体からなる集合 X に長さ, 距離, 角度など幾何的な枠組みが備わる. また, $f, g \in X$ に対して $((f, g)) = 0$ のとき f, g は**直交する**という.

> **命題 4**　$f, g \in X$ に対して
>
> (i)　$((f, f)) \geqq 0, \quad ((f, f)) = 0 \iff f \equiv 0$
>
> (ii)　$\|\alpha f\| = |\alpha| \cdot \|f\| \quad (\alpha \in \mathbb{R})$
>
> (iii)　$|((f, g))| \leqq \|f\| \cdot \|g\|$
>
> (iv)　$\|f + g\| \leqq \|f\| + \|g\| \quad$ (三角不等式)

証明　(i), (ii) は自明ゆえ省略. (iii) を示す. $f \equiv 0$ なら明らかなので $f \not\equiv 0$ とする. 任意の $\xi \in \mathbb{R}$ に対して

$$0 \leqq \|\xi f + g\|^2 = \|f\|^2 \xi^2 + 2((f, g))\xi + \|g\|^2$$

$$= \|f\|^2 \left(\xi + \frac{((f, g))}{\|f\|^2} \right)^2 + \|g\|^2 - \frac{|((f, g))|^2}{\|f\|^2}$$

この式の右辺は ξ の 2 次関数であるが, 左辺の形からつねに 0 以上であるから

$$\|g\|^2 - \frac{|((f, g))|^2}{\|f\|^2} \geqq 0$$

が成り立ち, これから結論が従う.

　(iv) を示す. (iii) を利用して不等式の計算を行う.

4.2. 固有値問題とフーリエ級数 **117**

$$\|f + g\|^2 = \|f\|^2 + 2((f, g)) + \|g\|^2$$

$$\leqq \|f\|^2 + 2\|f\| \cdot \|g\| + \|g\|^2$$

$$= (\|f\| + \|g\|)^2$$

が示され，結論が成立. ∎

直交関係式　固有関数に対して内積の計算をしてみよう.

$$((\Phi_m, \Phi_l)) = \int_0^L \sin \frac{\pi m x}{L} \sin \frac{\pi l x}{L} \, dx$$

$$= \frac{1}{2} \int_0^L \left(\cos \frac{\pi(m - l)x}{L} - \cos \frac{\pi(m + l)x}{L} \right) dx$$

$m = l$ のときは

$$((\Phi_m, \Phi_l)) = \frac{1}{2} \int_0^L \left(1 - \cos \frac{2\pi m x}{L} \right) dx$$

$$= \frac{1}{2} \left[x - \frac{L}{2\pi m} \sin \frac{2\pi m x}{L} \right]_0^L = \frac{L}{2}$$

$m \neq l$ のときは

$$((\Phi_m, \Phi_l)) = \frac{1}{2} \left[\frac{L}{\pi(m - l)} \sin \frac{\pi(m - l)x}{L} - \frac{L}{\pi(m + l)} \sin \frac{\pi(m + l)x}{L} \right]_0^L$$

$$= 0$$

以上から $\Psi_m(x) = \sqrt{\frac{2}{L}} \Phi_m(x) \quad (m = 1, 2, 3, \cdots)$ とおくと次の結果を得る.

命題5（直交関係式）

$$((\Psi_m, \Psi_l)) = \delta_{m,l} \quad (m, l \geqq 1)$$

ただし，**クロネッカーのデルタ**とよばれる，次のような記号を用いた.

$$\delta_{m,l} = \begin{cases} 1 & (m = l) \\ 0 & (m \neq l) \end{cases}$$

118   第 4 章　基本的な偏微分方程式

さて，関数系 $\{\Psi_m\}_{m\geqq 1}$ は，任意の二つが直交し，また，おのおのは大きさが 1 なので**正規直交系**とよばれる．通常の有限次元のユークリッド空間の基本ベクトルのようにみなせる．さて一般の関数を $\{\Psi_m\}_{m\geqq 1}$ を用いて表すことを考える．それがフーリエ級数の考えである．

　フーリエ級数展開　$f \in X = C^0[0,L]$ が与えられたときに

$$\alpha_m = ((f, \Psi_m)) \quad (m \geqq 1)$$

で定まる数列を**フーリエ係数**とよび，級数

$$S(x) = \alpha_1\Psi_1(x) + \alpha_2\Psi_2(x) + \cdots + \alpha_m\Psi_m(x) + \cdots \tag{4.15}$$

を**フーリエ級数**とよぶ．ただし，この級数が収束するかどうかは自明なことではない．実はこの級数は，ある意味でもとの f に収束することが理論的に保証されているのである．

定理 6　任意の $f \in X$ に対し

$$\lim_{l\to\infty} \|f - S_l\| = 0 \tag{4.16}$$

が成立する．ただし，S_l は級数の第 l 部分和

$$S_l(x) = \alpha_1\Psi_1(x) + \alpha_2\Psi_2(x) + \cdots + \alpha_l\Psi_l(x)$$

である．また，関数 f および f' が連続であるような $(0, L)$ の区間においては $S_l(x)$ は $f(x)$ に一様収束する

証明は高度なので省略する．

(4.16) を用いて便利な式を導く．

$$\|S_l\|^2 = \left(\left(\sum_{k=1}^{l}\alpha_k\Psi_k, \sum_{k'=1}^{l}\alpha_{k'}\Psi_{k'}\right)\right)$$

$$= \sum_{k=1}^{l}\sum_{k'=1}^{l}((\alpha_k\Psi_k, \alpha_{k'}\Psi_{k'}))$$

4.2. 固有値問題とフーリエ級数

$$= \sum_{k=1} \alpha_k^2((\Psi_k, \Psi_k))$$

$$= \sum_{k=1} \alpha_k^2$$

$$\|f - S_l\|^2 = \|f\|^2 - 2((f, S_l)) + \|S_l\|^2$$

$$= \|f\|^2 - 2\sum_{k=1}^{l}((f, \alpha_k \Psi_k)) + \sum_{k=1}^{l} \alpha_k^2$$

$$= \|f\|^2 - 2\sum_{k=1}^{l} \alpha_k^2 + \sum_{k=1}^{l} \alpha_k^2$$

$$= \|f\|^2 - \sum_{k=1}^{l} \alpha_k^2$$

これより次の有用な等式を得る.

定理 7（ベッセル・パーセバルの等式）

$$\sum_{k=1}^{\infty}((\Psi_k, f))^2 = \|f\|^2 \tag{4.17}$$

　以下，具体的な例についてフーリエ級数展開を求め，ベッセル・パーセバルの等式の応用を考える.

　ベッセル・パーセバルの等式の応用　まず関数 $f(x) = x$ としてあてはめてみる.

$$((f, \Psi_m)) = \alpha_m$$

$$= \sqrt{\frac{2}{L}} \int_0^L x \sin \frac{m\pi x}{L} \, dx$$

$$= \sqrt{\frac{2}{L}} \frac{L^2}{m\pi} (-1)^{m+1}$$

120　　　第 4 章　基本的な偏微分方程式

よって f のフーリエ展開は

$$S(x) = \sum_{m=1}^{\infty} \frac{2L}{m\pi}(-1)^{m+1} \sin \frac{m\pi x}{L}$$

である. また,

$$\|f\|^2 = \int_0^L x^2 \, dx$$

$$= \left[\frac{x^3}{3}\right]_0^L$$

$$= \frac{L^3}{3}$$

からベッセル・パーセバルの等式より

$$\frac{L^3}{3} = \sum_{m=1}^{\infty} \alpha_m^2$$

$$= \sum_{m=1}^{\infty} \frac{2L^3}{m^2\pi^2}$$

両辺を $L^3/2\pi^2$ で割って，次の等式を得る.

$$\sum_{m=1}^{\infty} \frac{1}{m^2} = \frac{\pi^2}{6}$$

問 2　$f(x) = x^2$ として，f のフーリエ展開を求め，ベッセル・パーセバルの等式を応用して

$$\sum_{m=1}^{\infty} \frac{1}{m^4}$$

を計算せよ.

4.3 熱伝導方程式

熱伝導方程式 空間領域の各地点 x にその点の温度を対応させる関数 u を温度分布という．温度分布の関数 $u = u(t, x)$ が時間とともにどのように変化するかを記述する方程式を**熱（伝導）方程式**という．x 軸方向に無限に延びた針金（1次元）の温度分布の問題は，次のような単純な方程式で与えられる．ただし，針金は一様で，熱は針金の中を移動し空気中には逃げないと仮定している．

$$\frac{\partial u}{\partial t} - \frac{\partial^2 u}{\partial x^2} = 0, \quad (t, x) \in (0, \infty) \times \mathbb{R} \tag{4.18}$$

この方程式は，熱（エネルギー）の移動に関するフーリエの法則という法則をもとに導かれている．それは，熱は温度の高いところから低い方向に流れ，その流量は温度勾配に比例するということを定式化したものである．従って，方程式の解 $u = u(t, x)$ は t の増加に従って x 関数として徐々に平均化しかつ，全体的に定数関数に近づいてと想像される．ちなみにある地点の温度はその点に局在する熱エネルギー量の割合である．すなわち，区間 $[x_1, x_2]$ に存在する熱エネルギーは $\int_{x_1}^{x_2} u\, dx$ である．このような物理的な状況が数学でどう反映されているかをいくつかの解を通してみてゆく．

> **問 3** (4.18) が解 $u_1, u_2, \cdots, u_m$ をもつとして $c_1 u_1 + c_2 u_2 + \cdots + c_m u_m$ も解であることを示せ．ただし，$c_1, \cdots, c_m$ は定数．

まず，基本解あるいは**熱核**とよばれる一つの重要な特殊解を導入する．

基本解の導入

$$K(t, x) = \frac{1}{\sqrt{4\pi t}} \exp\left(\frac{-x^2}{4t}\right) \quad (t > 0, \; -\infty < x < \infty) \tag{4.19}$$

これが方程式 (4.18) を満たすことを示す．

$$\frac{\partial}{\partial t} K(t, x) = \frac{1}{\sqrt{4\pi}} \left(\frac{-t^{-3/2}}{2}\right) \exp\left(\frac{-x^2}{4t}\right) + \frac{1}{\sqrt{4\pi t}} \frac{x^2}{4t^2} \exp\left(\frac{-x^2}{4t}\right)$$

$$\frac{\partial}{\partial x} K(t, x) = \frac{1}{\sqrt{4\pi t}} \left(\frac{-x}{2t}\right) \exp\left(\frac{-x^2}{4t}\right)$$

$$\frac{\partial^2}{\partial x^2} K(t, x) = \frac{1}{\sqrt{4\pi t}} \left(\frac{-1}{2t}\right) \exp\left(\frac{-x^2}{4t}\right) + \frac{1}{\sqrt{4\pi t}} \left(\frac{x^2}{4t^2}\right) \exp\left(\frac{-x^2}{4t}\right)$$

あわせて，次式を得る．

$$\left(\frac{\partial}{\partial t} - \frac{\partial^2}{\partial x^2}\right) K = \left(\frac{-1}{2t} + \frac{x^2}{4t^2} - \frac{-1}{2t} - \frac{x^2}{4t^2}\right) K = 0$$

K の性質

(i)　$K(t,x) > 0$,　$\displaystyle\int_{-\infty}^{\infty} K(t,x)\,dx = 1$　$(t > 0)$

(ii)　$\displaystyle\lim_{t \to +\infty} K(t,x) = 0$　$(x \in \mathbb{R})$

(iii)　$\displaystyle\lim_{t \downarrow 0} K(t,x) = \begin{cases} 0 & x \neq 0 \\ +\infty & x = 0 \end{cases}$

証明　(i)–(ii) $0 < K(t,x) \leqq 1/\sqrt{4\pi t}$ より (ii) が成立．
変数変換 $x = 2\sqrt{t}\,z$ とすると $dx/dz = 2\sqrt{t}$ である．置換積分をして

$$\int_{-\infty}^{\infty} K(t,x)\,dx = \int_{-\infty}^{\infty} \frac{1}{\sqrt{4\pi t}} \exp(-z^2)\, 2\sqrt{t}\,dz$$

$$= \int_{-\infty}^{\infty} \frac{1}{\sqrt{\pi}} \exp(-z^2)\,dz = 1$$

より (i) の後半が成立．

(iii) 前半は $t = 1/s$ とおき $t \downarrow 0$ は $s \to \infty$ に対応．後半は，$x \neq 0$ より

$$K(t,x) = \frac{1}{\sqrt{4\pi}} \frac{s^{1/2}}{\exp(x^2 s/4)}$$

に対して，ロピタルの定理を用いて $s \to +\infty$ を考察して示される．■

以上の $K(t,x)$ の性質からグラフを考えると $t > 0$ の大小で x の関数としての特徴がわかる．

この解 $K(t,x)$ は次のように解釈できる．すなわち，時刻 $t = 0$ で $x = 0$ の地点のまわりの無限小に狭い範囲に熱量 1 が局在するとする．それが時間 $t > 0$ が進むに従ってまわりに熱が伝わってゆき空間全体として一様になってゆくと考えられる．また，任意の $y \in \mathbb{R}$ を固定して $K(t, x-y)$ は (t,x) の関数と考えて方程式を満たすが，これはもとの解を x 方向に y だけずらしたものであり，時刻 $t = 0$ で地点 y に局在した熱量 1 の熱が拡散してゆくのである．次

4.3. 熱伝導方程式

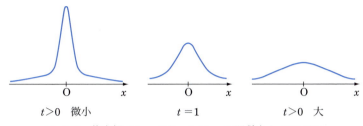

図 4.6 基本解 $K = K(t, x)$ の x の関数としてのグラフの時間変化 $x = 0$ の無限小の領域に局在した熱量 1 の熱が拡散して温度分布が平坦になってゆく様子

に，$y_1, y_2 \in \mathbb{R}$ を固定して，

$$c_1 K(t, x - y_1) + c_2 K(t, x - y_2)$$

を考える．これも (4.18) の解になるが，これは，地点 y_1 に熱量 c_1，地点 y_2 に熱量 c_2 が局在している状態からの解と思われる．このように重ね合わせた初期状態からは重ね合わされた解が対応する．

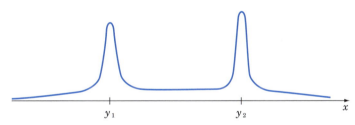

図 4.7 2 地点 y_1, y_2 に熱が局在した状態から微小時間経過したときの温度分布

この考えを押し進めて，初期温度分布 $\varphi(x)$ から解がどうなるかを考察する．すなわち方程式 (4.18) に初期条件

$$u(0, x) = \varphi(x) \tag{4.20}$$

を課したときの解がどうなるかを考察する．初期温度分布が $\varphi(x)$ であるとは任意の地点 y に対して，その近くの区間 $[y, y + \delta y]$ において，おおよその熱量 $\varphi(y) \times \delta y$ が局在しているということである．この区間の熱が引き起こす解は

$$K(x-y)\varphi(y)\delta y$$

であると考えられる．よって，$\mathbb{R}$ 全体にわたって分布する初期温度分布が引き起こす解は上の形のものを区間で足しあわせて $\delta y \to 0$ としたもの，すなわち積分の形にかけると思われる．これは実際に正しく次の結果が成立する．

定理 8 (4.18), (4.20) の解は
$$u(t,x) = \int_{-\infty}^{\infty} K(t, x-y)\varphi(y)\,dy$$
で与えられる．

定理 9 初期条件 $\varphi \not\equiv 0$ は，ある $a < b$ があって，区間 $[a,b]$ 上では $\varphi(x) \geqq 0$, その他では $\varphi(x) = 0$ であると仮定する．このとき，解 $u(t,x)$ は適当な時刻 $T > 0$ があって，$t \geqq T$ の範囲で $u = u(t,x)$ は，x の関数としてちょうど一点で極大となる（すなわち，山が一つになる）．

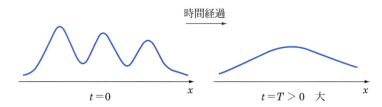

図 4.8 $t = 0$ での温度分布が複雑でも時間とともに単純になってゆく．最終的には山は一つ．

証明 まず，$u(t,x) > 0$ で各 t で $x \to \pm\infty$ のとき 0 に収束することをみる．前半は

$$u(t,x) = \int_a^b \frac{1}{\sqrt{4\pi t}} \exp\left(\frac{-(x-y)^2}{4t}\right) \varphi(y)\,dy$$

から明らか．後半は

4.3. 熱伝導方程式

$$0 < u(t, x) < \frac{1}{\sqrt{4\pi t}} \int_a^b \varphi(y)\, dy \exp\left(\frac{-(x-b)^2}{4t}\right) \quad (x > b)$$

$$0 < u(t, x) < \frac{1}{\sqrt{4\pi t}} \int_a^b \varphi(y)\, dy \exp\left(\frac{-(x-a)^2}{4t}\right) \quad (x < a)$$

この不等式から $|x| \to \infty$ で u は 0 に収束する.

次に各 t で x に関する微分が 0 になるような点の集合を $C(t)$ とおく. すなわち,

$$C(t) = \left\{ x \in \mathbb{R} \mid \frac{\partial u}{\partial x}(t, x) = 0 \right\}$$

とする. いま x に関する偏導関数は

$$\frac{\partial u}{\partial x} = \frac{1}{\sqrt{4\pi t}} \int_a^b \left(\frac{-(x-y)}{2t}\right) \exp\left(\frac{-(x-y)^2}{4t}\right) \varphi(y)\, dy$$

である. さて任意の $z \in C(t)$ をとり, 上式の $\partial u/\partial x$ に代入すると

$$\int_a^b \left(\frac{-(z-y)}{2t}\right) \exp\left(\frac{-(z-y)^2}{4t}\right) \varphi(y)\, dy = 0$$

であるが, これを変形して

$$z \int_a^b \exp\left(\frac{-(z-y)^2}{4t}\right) \varphi(y)\, dy$$

$$= \int_a^b y \exp\left(\frac{-(z-y)^2}{4t}\right) \varphi(y)\, dy$$

となる. 上式の両辺を I とおくと積分範囲は $a \leqq y \leqq b$ であるから, 右側の式より

$$a \int_a^b \exp\left(\frac{-(z-y)^2}{4t}\right) \varphi(y)\, dy$$

$$\leqq I \leqq b \int_a^b \exp\left(\frac{-(z-y)^2}{4t}\right) \varphi(y)\, dy$$

となる. よって, 左側の式とあわせて $a \leqq z \leqq b$ が得られた. z の任意性から $C(t) \subset [a, b]$ が従う. このことから特に極大値をとる点はつねに区間 $[a, b]$ に

126　　　　　　第 4 章　基本的な偏微分方程式

含まれていることがわかる．もう一度微分して

$$\frac{\partial^2 u}{\partial x^2} = -\frac{1}{\sqrt{4\pi t}} \left(\frac{1}{2t}\right) \int_a^b \left(1 - \frac{(x-y)^2}{2t}\right) \exp\left(\frac{-(x-y)^2}{4t}\right) \varphi(y)\, dy$$

ここで，$T = (b-a)^2$ とおくと

$$1 - \frac{(x-y)^2}{2t} \geqq \frac{1}{2} \quad (x, y \in [a, b], t \geqq T)$$

であるから

$$\frac{\partial^2 u}{\partial x^2}(t, x) < 0 \quad (t \geqq T,\ a \leqq x \leqq b)$$

これは，$t \geqq T$ ならば $u = u(t, x)$ が x の関数として $[a, b]$ において，上に凸であることを意味している．一方，最大値は $[a, b]$ でとることが示されているので，定理の結論が示された．■

　針金の問題　次に，状況を変えて有限の長さ L の針金の問題を考えよう．$J = (0, L)$ とおく．

$$\begin{cases}
\dfrac{\partial u}{\partial t} - \dfrac{\partial^2 u}{\partial x^2} = 0 & ((t, x) \in (0, \infty) \times J) \\[2mm]
u(t, 0) = u(t, L) = 0 & (t > 0) \\[2mm]
u(0, x) = \varphi(x) & (x \in J)
\end{cases} \tag{4.21}$$

　方程式自体は同じ物理法則から導かれている．ただし，針金の端点で境界条件が必要である．この場合は端点で $0\,°\mathrm{C}$ に保つ状況であるとしている．この場合現象としてどのようなことが起こるか考えてみる．熱は流れて温度分布は平均化するが，境界は $0\,°\mathrm{C}$ であり，熱は温度の低い方向に流れるから結局は境界に熱がいくらでも流れ込み吸収される．よって，最終的には温度分布は全体に一定の $0\,°\mathrm{C}$ に落ちつくと推測される．

　まず，フーリエ級数展開を応用して (4.21) の解を表してみよう．$u = u(t, x)$ があるとして各 t ごとにフーリエ級数展開を考える．

$$u(t, x) = \sum_{m=1}^{\infty} \alpha_m(t) \Psi_m(x) \tag{4.22}$$

もし $\alpha_m(t)\ (m = 1, 2, 3, \cdots)$ が決まれば解がわかる．この u を方程式に代入

して $\alpha_m(t)$ の満たすべき式を導く.

$$\frac{\partial}{\partial t}u(t,x) = \sum_{m=1}^{\infty}\frac{d\alpha_m(t)}{dt}\Psi_m(x)$$

$$\frac{\partial^2}{\partial x^2}u(t,x) = \sum_{m=1}^{\infty}\alpha_m(t)\frac{d^2\Psi_m(x)}{dx^2} = -\sum_{m=1}^{\infty}\alpha_m(t)\lambda_m\Psi_m(x)$$

上の式は (4.18) より等しいから，Ψ_k と内積をとると

$$\frac{d\alpha_k(t)}{dt} = -\lambda_k\alpha_k(t)$$

が得られる．これは，簡単に解けて

$$\alpha_k(t) = \alpha_k(0)e^{-\lambda_k t}$$

を得る．一方，初期条件より $\varphi(x) = \sum_{m=1}^{\infty}\alpha_m(0)\Psi_m(x)$ であるから，これも Ψ_k と内積をとって

$$((\varphi,\Psi_k)) = \alpha_k(0) \quad (k \geqq 1)$$

となる．ゆえに $\alpha_k(t)$ に代入して (4.10) にあてはめると

$$u(t,x) = \sum_{m=1}^{\infty}((\varphi,\Psi_m))\Psi_m(x)e^{-\lambda_m t} \tag{4.23}$$

となる．また，ベッセル・パーセバルの等式から

$$\begin{aligned}\|u(t,\cdot)\|^2 &= \sum_{m=1}^{\infty}((\varphi,\Psi_m))^2 e^{-2\lambda_m t}\\ &\leqq e^{-2\lambda_1 t}\sum_{m=1}^{\infty}((\varphi,\Psi_m))^2 = e^{-2\lambda_1 t}\|\varphi\|^2\end{aligned} \tag{4.24}$$

上で $0 < \lambda_1 < \lambda_2 < \cdots$ を用いた．これより，

$$\lim_{t\to\infty}\|u(t,\cdot)\| = 0$$

が示された．温度分布が 0 に収束することがこの意味で正当化される．

128　　　　　第 4 章　基本的な偏微分方程式

　基本解の発見法　(4.19) で与えた熱核 $K = K(t,x)$ はどのようにみつけたのであろうか. 一つの計算法を与える. もし一つの解 $K(t,x)$ があったとすると任意の正のパラメータ $s > 0$ に対して

$$\widetilde{K}(t,x) = K(s^2 t, sx)$$

もやはり解になっていることが示される.

$$\left(\frac{\partial}{\partial t} - \frac{\partial^2}{\partial x^2}\right)\widetilde{K}(t,x) = s^2 \left(\frac{\partial K}{\partial t} - \frac{\partial^2 K}{\partial x^2}\right)(s^2 t, sx) = 0$$

ここで, 作業仮説として $\widetilde{K}(t,x)$ が $K(t,s)$ の定数倍になっているとする. すなわち

$$\widetilde{K}(t,x) = cK(t,x)$$

と仮定する. さて

$$c\int_{-\infty}^{\infty} K(t,x)\,dx = \int_{-\infty}^{\infty} \widetilde{K}(t,x)\,dx$$

$$= \int_{-\infty}^{\infty} K(s^2 t, sx)\,dx = \frac{1}{s}\int_{-\infty}^{\infty} K(s^2 t, y)\,dy$$

であるが, 熱エネルギーの保存より $\int_{-\infty}^{\infty} K(t,x)\,dx$ は t に依存しないから, 上式の右辺は $(1/s)\int_{-\infty}^{\infty} K(t,y)\,dy$ に等しい. よって $c = 1/s$ となり等式

$$K(s^2 t, sx) = \frac{1}{s}K(t,x) \quad (s > 0)$$

を得る. ここで, $s = 1/\sqrt{t}$ とおくと関数等式

$$K(t,x) = \frac{1}{\sqrt{t}}K\left(1, \frac{x}{\sqrt{t}}\right)$$

となる. さて, 上の式は $w(x) = K(1,x)$ とおくと $(1/\sqrt{t})w(x/\sqrt{t})$ が (4.1)を満たすことになる. すなわち

$$0 = \left(\frac{\partial}{\partial t} - \frac{\partial^2}{\partial x^2}\right)\left(\frac{1}{\sqrt{t}}w\left(\frac{x}{\sqrt{t}}\right)\right)$$

$$= -\frac{t^{-3/2}}{2}w\left(\frac{x}{\sqrt{t}}\right) - t^{-2}x\frac{dw}{dx}\left(\frac{x}{\sqrt{t}}\right) - t^{-3/2}\frac{d^2 w}{dx^2}\left(\frac{x}{\sqrt{t}}\right)$$

4.3. 熱伝導方程式

この式で $y = x/\sqrt{t}$ とおき整理すると微分方程式

$$w''(y) + \frac{1}{2}yw'(y) + \frac{1}{2}w(y) = 0 \quad (y \in \mathbb{R})$$

が得られる. $w = w(y)$ の微分方程式が得られた. これは定数係数ではないので少し戸惑うが

$$\frac{d}{dy}\left\{\left(\frac{d}{dy} + \frac{y}{2}\right)w(y)\right\} = 0$$

となっていることに気づく. これより,

$$\left(\frac{d}{dy} + \frac{y}{2}\right)w(y) = c$$

となる. さらにこの式は定数変化法の適用できる形になっているので

$$e^{-y^2/4}\frac{d}{dy}(e^{y^2/4}w) = c$$

と変形し

$$e^{y^2/4}w(y) = c\int_0^y e^{z^2/4}\,dz + c'$$

を得る. よって, 一般解

$$w(y) = ce^{-y^2/4}\int_0^y e^{z^2/4}\,dz + c'\,e^{-y^2/4}$$

が得られた. ここで, $y \to \pm\infty$ のとき $\int_{-\infty}^{\infty} w(y)dy$ が有限の解が欲しいので $c = 0$ とする. また, $\int_{-\infty}^{\infty} w(y)\,dy = 1$ の条件をつけて $c' = 1/2\sqrt{\pi}$ を得る. よって,

$$w(y) = 1/2\sqrt{\pi}e^{-y^2/4}$$

従って, 熱核 K は

$$K(t,x) = \frac{1}{\sqrt{t}}w\left(\frac{x}{\sqrt{t}}\right) = \frac{1}{\sqrt{4\pi t}}\exp\left(\frac{-x^2}{4t}\right)$$

が得られた.

4.4 ラプラス方程式

2 次元ユークリッド空間 $\mathbb{R}^2$ の領域上で定義された関数を扱う. $\mathbb{R}^2$ の点は $\boldsymbol{x} = (x_1, x_2)$ などと成分で表す. $\mathbb{R}^2$ 上のラプラシアン(ラプラス作用素)は

$$\Delta = \frac{\partial^2}{\partial x_1^2} + \frac{\partial^2}{\partial x_2^2}$$

であり,次の方程式を**ラプラス方程式**という.

$$\Delta u(\boldsymbol{x}) = 0 \tag{4.25}$$

C^2–級の関数で (4.25) を満たす $u = u(\boldsymbol{x})$ を**調和関数**という. また,$\mathbb{R}^2$ の領域 Ω で定義された C^2–級関数 u が (4.25) をそこで満たすならば Ω で調和関数という.

いくつかの例をあげよう. $u(x_1, x_2) = x_1^2 - x_2^2, v(x_1, x_2) = x_1 x_2$ などは簡単な計算で調和関数であることがわかる.

> **問 4**　$u(x_1, x_2) = \mathrm{Re}(c\,(x_1 + ix_2)^2)$ は調和関数であることを示せ. ただし,c は複素数. また,$v(x_1, x_2) = \mathrm{Re}(c\,(x_1 + ix_2)^3)$ ならどうか?

調和関数は数学はもちろん他の様々な分野で現れる重要な関数である. 以下,この調和関数の性質をいくつか調べてゆく. まず,準備をする.

極座標表示　ラプラス作用素 Δ は直交座標 (x_1, x_2) を用いて定められたが,極座標 (r, θ) を用いて表すことを考える. 変換式は $x_1 = r\cos\theta,\, x_2 = r\sin\theta$ であるから,

$$\frac{\partial u}{\partial r} = \frac{\partial u}{\partial x_1}\frac{\partial x_1}{\partial r} + \frac{\partial u}{\partial x_2}\frac{\partial x_2}{\partial r} = \frac{\partial u}{\partial x_1}\cos\theta + \frac{\partial u}{\partial x_2}\sin\theta,$$

$$\frac{\partial u}{\partial \theta} = \frac{\partial u}{\partial x_1}\frac{\partial x_1}{\partial \theta} + \frac{\partial u}{\partial x_2}\frac{\partial x_2}{\partial \theta} = \frac{\partial u}{\partial x_1}(-r\sin\theta) + \frac{\partial u}{\partial x_2}(r\cos\theta),$$

$$\frac{\partial^2 u}{\partial r^2} = \left\{ \frac{\partial}{\partial x_1}\left(\frac{\partial u}{\partial x_1}\right)\frac{\partial x_1}{\partial r} + \frac{\partial}{\partial x_2}\left(\frac{\partial u}{\partial x_1}\right)\frac{\partial x_2}{\partial r} \right\}\cos\theta$$

$$+ \left\{ \frac{\partial}{\partial x_1}\left(\frac{\partial u}{\partial x_2}\right)\frac{\partial x_1}{\partial r} + \frac{\partial}{\partial x_2}\left(\frac{\partial u}{\partial x_2}\right)\frac{\partial x_2}{\partial r} \right\}\sin\theta$$

$$= \frac{\partial^2 u}{\partial x_1^2}\cos^2\theta + 2\frac{\partial^2 u}{\partial x_1 \partial x_2}\sin\theta\cos\theta\frac{\partial^2 u}{\partial x_2^2}\sin^2\theta,$$

4.4. ラプラス方程式

$$\frac{\partial^2 u}{\partial \theta^2} = \left\{ \frac{\partial}{\partial x_1}\left(\frac{\partial u}{\partial x_1}\right)\frac{\partial x_1}{\partial \theta} + \frac{\partial}{\partial x_2}\left(\frac{\partial u}{\partial x_1}\right)\frac{\partial x_2}{\partial \theta} \right\}(-r\sin\theta)$$

$$+ \left\{ \frac{\partial}{\partial x_1}\left(\frac{\partial u}{\partial x_2}\right)\frac{\partial x_1}{\partial \theta} + \frac{\partial}{\partial x_2}\left(\frac{\partial u}{\partial x_2}\right)\frac{\partial x_2}{\partial \theta} \right\}(r\cos\theta)$$

$$+ \frac{\partial u}{\partial x_1}(-r\cos\theta) + \frac{\partial u}{\partial x_2}(-r\sin\theta)$$

$$= r^2 \frac{\partial^2 u}{\partial x_1^2}\sin^2\theta - 2r^2 \frac{\partial^2 u}{\partial x_1 \partial x_2}\sin\theta\cos\theta + r^2 \frac{\partial^2 u}{\partial x_2^2}\sin^2\theta$$

である．これらより

$$\frac{\partial^2 u}{\partial r^2} + \frac{1}{r}\frac{\partial u}{\partial r} + \frac{1}{r^2}\frac{\partial^2 u}{\partial \theta^2} = \frac{\partial^2 u}{\partial x_1^2} + \frac{\partial^2 u}{\partial x_2^2} = \Delta u$$

あるいは，これを変形して次を得る．

定理 10
$$\frac{1}{r}\frac{\partial}{\partial r}\left(r\frac{\partial u}{\partial r}\right) + \frac{1}{r^2}\frac{\partial^2 u}{\partial \theta^2} = \Delta u \tag{4.26}$$

注 ここでは原点を中心とする極座標を考えたが，一般の点 $\boldsymbol{p} = (p_1, p_2)$ を中心にとって，変換
$$x_1 = p_1 + r\cos\theta, \quad x_2 = p_2 + r\sin\theta$$
で考えても同じ Δ の表示式が得られる．

今後，点 $\boldsymbol{p} \in \mathbb{R}^2$ を中心とし半径 $\eta > 0$ の円板を $B(\boldsymbol{p}; \eta)$ と表すことにする．ただし，$B(\boldsymbol{p}; \eta)$ は境界を含んでいないとする．また，$|B(\boldsymbol{p}; \eta)|$ によってこの円板の面積を表すとする．すなわち，

$$|B(\boldsymbol{p}; \eta)| = \pi\eta^2$$

平均値の性質 さてまず調和関数の**平均値の性質**というものを示す．Ω を $\mathbb{R}^2$ の領域，u を Ω 上の調和関数とする．任意に点 $\boldsymbol{p} \in \Omega$ をとり，$B(\boldsymbol{p}; \eta_0) \subset \Omega$ とする．$\boldsymbol{p} = (p_1, p_2)$ を中心とする極座標変換 $x_1 = p_1 + r\cos\theta$, $x_2 = p_2 + r\sin\theta$ によって (r, θ) で方程式を表すと

$$\frac{\partial^2 v}{\partial r^2} + \frac{1}{r}\frac{\partial v}{\partial r} + \frac{1}{r^2}\frac{\partial^2 v}{\partial \theta^2} = 0 \quad (r > 0, 0 \leqq \theta < 2\pi)$$

132　　　第 4 章　基本的な偏微分方程式

ただし,

$$v(r, \theta) = u(p_1 + r\cos\theta, p_2 + r\sin\theta)$$

とおいた. θ に関して $0 \leqq \theta < 2\pi$ の範囲で方程式を積分する. このとき, $v = v(r, \theta), \partial v(r, \theta)/\partial\theta$ は $\theta = 0$ と $\theta = 2\pi$ に対して同一であることから

$$\int_0^{2\pi} \frac{\partial^2 v}{\partial\theta^2}\, d\theta = 0$$

に注意すると

$$\int_0^{2\pi} \frac{1}{r}\frac{\partial}{\partial r}\left(r\frac{\partial v}{\partial r}\right) d\theta = 0$$

であるが, 定積分を微分の中へ入れて

$$\frac{1}{r}\frac{\partial}{\partial r}\left(r\frac{\partial\widetilde{v}(r)}{\partial r}\right) = 0, \quad \text{ただし} \quad \widetilde{v}(r) = \frac{1}{2\pi}\int_0^{2\pi} v(r, \theta)\, d\theta$$

を得る. よって $r\, d\widetilde{v}(r)/dr = C$（定数関数）となる. これを解いて

$$\widetilde{v}(r) = C' + C\log r$$

となる. ここで u の連続性を用いて

$$\lim_{r\downarrow 0} \widetilde{v}(r) = \lim_{r\downarrow 0} \frac{1}{2\pi}\int_0^{2\pi} u(p_1 + r\cos\theta, p_2 + r\sin\theta)\, d\theta = u(\boldsymbol{p})$$

であるから $C = 0, C' = u(\boldsymbol{p})$. よって, 以上をまとめると

$$u(\boldsymbol{p}) = \frac{1}{2\pi}\int_0^{2\pi} u(p_1 + r\cos\theta, p_2 + r\sin\theta)\, d\theta \tag{4.27}$$

が示された. 次にこの式の両辺で r を掛けて $0 < r \leqq \eta$ で積分して

$$u(\boldsymbol{p}) = \frac{1}{\pi\eta^2}\int_0^{2\pi}\int_0^\eta u(p_1 + r\cos\theta, p_2 + r\sin\theta)r\, dr\, d\theta$$

これを (x_1, x_2) の重積分の形に戻すと次の結果となる.

4.4. ラプラス方程式 **133**

定理 11（調和関数の平均値の性質） $u = u(x)$ は 領域 $\Omega \subset \mathbb{R}^2$ での調和関数とする．いま，点 $\boldsymbol{p} \in \Omega$ と $\eta_0 > 0$ は $B(\boldsymbol{p}; \eta_0) \subset \Omega$ を満たすとする．このとき，次式が成立する．

$$u(\boldsymbol{p}) = \frac{1}{|B(\boldsymbol{p}, \eta)|} \iint_{B(\boldsymbol{p},\eta)} u(x_1, x_2)\, dx_1 dx_2 \quad (0 < \eta < \eta_0) \qquad (4.28)$$

(4.27) は，任意の点 $\boldsymbol{p}$ とそれを中心とする任意の円周上での u の平均が $u(\boldsymbol{p})$ に一致することをいっている．さらに (4.28) は $\boldsymbol{p}$ を中心とする任意の円板での u の平均が $u(\boldsymbol{p})$ に一致することもいっている．

定理 12（最大値原理） 領域 Ω で調和関数 $u = u(x_1, x_2)$ があったとする．このとき，u は定数関数でない限り Ω の内部で最大値をとらない．

証明 u は定数関数ではなく，ある点 $\boldsymbol{p}$ で Ω での最大値をとったとする．このとき平均値の性質 (5.4) より

$$0 = \frac{1}{|B(\boldsymbol{p}, \eta)|} \iint_{B(\boldsymbol{p},\eta)} (u(\boldsymbol{p}) - u(x_1, x_2))\, dx_1\, dx_2$$

ただし，$\eta > 0$ は $B(\boldsymbol{p}, \eta) \subset \Omega$ を満たすような最大のものとした．仮定よりこの積分の非積分関数は連続で $u(\boldsymbol{p}) - u(x_1, x_2) \geqq 0$ であるから，積分の値が 0 であることから，これは恒等的に 0 である．よって，

$$u(\boldsymbol{x}) = u(\boldsymbol{p}), \quad \boldsymbol{x} \in B(\boldsymbol{p}, \eta)$$

となる．すなわち，$B(\boldsymbol{p}, \eta)$ 上で定数で最大値をとっている．

今度は $B(\boldsymbol{p}, \eta)$ の任意の境界点 $\boldsymbol{q}$ を中心として平均値の性質を適用して同じ議論をしてこの点を中心としてある円板上で $B(\boldsymbol{q}, \eta')$ 上で同じ最大値をとり定数関数である．この議論を繰り返してゆくことで Ω 全体で $u(\boldsymbol{p})$ という定数値をとることが示された．∎

注 u が調和関数なら $-u$ も調和関数であるから，上の定理から u が定数でないならば Ω の内部で最小値をとらないこともいえる．

134 第 4 章　基本的な偏微分方程式

> **定理 13（ハルナックの不等式）**　領域 Ω で 0 以上の値をとる調和関数 $u = u(x_1, x_2)$ があるとする．いま，点 $\boldsymbol{p} \in \Omega$ と $\eta > 0$ が $B(\boldsymbol{p}; 4\eta) \subset \Omega$ を満たすとする．このとき，任意の $\boldsymbol{q}, \boldsymbol{r} \in B(\boldsymbol{p}; \eta)$ に対し
>
> $$9\,u(\boldsymbol{q}) \geqq u(\boldsymbol{r})$$
>
> が成立する．

証明　$B(\boldsymbol{r}; \eta) \subset B(\boldsymbol{q}; 3\eta) \subset \Omega$ と $u(\boldsymbol{x}) \geqq 0$ に注意して平均値の性質 (4.28) より

$$u(\boldsymbol{q}) = \frac{1}{|B(\boldsymbol{q}, 3\eta)|} \iint_{B(\boldsymbol{q}, 3\eta)} u(x_1, x_2)\, dx_1\, dx_2$$

$$\geqq \frac{1}{|B(\boldsymbol{q}, 3\eta)|} \iint_{B(\boldsymbol{r}, \eta)} u(x_1, x_2)\, dx_1 dx_2 \tag{4.29}$$

再び平均値の性質より

$$u(\boldsymbol{r}) = \frac{1}{|B(\boldsymbol{r}, \eta)|} \iint_{B(\boldsymbol{r}, \eta)} u(x_1, x_2)\, dx_1\, dx_2 \tag{4.30}$$

であるから，(4.29), (4.30) をまとめて次を得る．

$$u(\boldsymbol{q}) \geqq \frac{|B(\boldsymbol{q}, \eta)|}{|B(\boldsymbol{q}, 3\eta)|} u(\boldsymbol{r}) = \frac{1}{9} u(\boldsymbol{r}) \qquad ■$$

> **定理 14（リウビル型定理）**　$\mathbb{R}^2$ 上でつねに 0 以上の値をとる調和関数は定数関数のみである．

証明　u は定数関数でないとする．u の値域

$$J = \{u(\boldsymbol{x}) \mid \boldsymbol{x} \in \mathbb{R}^2\}$$

を考える u の連続性と最大値，最小値をとらないことから $J = (\alpha, \beta)$ となる．ただし，$\alpha \geqq 0$ であり β は ∞ もとるかもしれない．さて $v(\boldsymbol{x}) = u(\boldsymbol{x}) - \alpha$

4.4. ラプラス方程式

とおくと v も $\mathbb{R}^2$ 上でつねに 0 以上の値をとる調和関数である. また, つくり方から点列 $\{\boldsymbol{x}_m\}_{m=1}^{\infty}$ で

$$\lim_{m \to \infty} u(\boldsymbol{x}_m) = 0 \tag{4.31}$$

となるものがとれる. ここで, 任意の $\boldsymbol{x} \in \mathbb{R}^2$ と任意の番号 m に対して $\eta > 0$ を大きくとって $B(\boldsymbol{0}; \eta) \ni \boldsymbol{x}, \boldsymbol{x}_m$ となるから, ハルナックの不等式を適用して

$$0 < u(\boldsymbol{x}) \leqq 9\, u(\boldsymbol{x}_m)$$

が得られる. ここで $m \to \infty$ とすると (4.31) より, この不等式の最右辺が 0 に収束して矛盾である. よって u が定数関数であることが示された. ∎

問 5 上の定理の u の条件を弱くしてある定数 c があって $u(\boldsymbol{x}) \geqq c\ (\boldsymbol{x} \in \mathbb{R}^2)$ としても同じ結論であることを示せ.

┌─ 微分方程式の発展 ─

本章で扱った偏微分方程式は, 波動, 熱, など日常的な現象を扱う古典的なものであって 18 世紀の中頃のフーリエ, ラプラス, ダランベール, オイラー, … たちの時代に研究が始まっている. その後, 連続体力学, 電磁気学, 量子力学, 相対性理論, … など様々な物理現象から微分方程式が出現し, それらを数学的に研究するという流れが今日まで続いている. また, 微分方程式は数学の中だけでも様々な分野で現れ何かを解析する手段としてなくてはならない. それら微分方程式を調べるための解析の基礎研究が発展中である. 数学が発展するに従って解決すべき課題もますます増えている.

136　　　　第 4 章　基本的な偏微分方程式

■ 演習問題 ■

1. $\mathbb{R}^2$ 上の C^1 級関数 $u = u(x_1, x_2)$ は次の偏微分方程式を満たすとする.

$$\frac{\partial u}{\partial x_1} - \frac{\partial u}{\partial x_2} = 0 \quad (x_1, x_2) \in \mathbb{R}^2$$

さらに任意の x_1 に対し $u(x_1, 0) = 0$ であるとする.

このとき，$\mathbb{R}^2$ 上全体で $u(x_1, x_2) \equiv 0$ であることを示せ.

2. $\Omega = \{(x_1, x_2) \in \mathbb{R}^2 \mid x_1^2 + x_2^2 < 1\}$ 上の関数 $u = u(x_1, x_2)$ で

$$\Delta u = 1 \quad (x_1, x_2) \in \Omega,$$
$$u(x) = 0 \quad (x_1, x_2) \in \partial\Omega$$

となるものをつくれ. ただし，$\partial\Omega$ は Ω の境界のこと（**ヒント**：極座標を利用）.

3. $u = u(x_1, x_2)$ を $\mathbb{R}^2$ 上の調和関数とするとき，関数

$$\widetilde{u}(x_1, x_2) = u\left(\frac{x_1}{x_1^2 + x_2^2}, \frac{x_2}{x_1^2 + x_2^2}\right)$$

は $(x_1, x_2) \neq (0, 0)$ の範囲で調和関数となることを示せ.

4. a, b, k は実数とする. 関数

$$u(x_1, x_2, x_3) = \frac{a \sin(kr) + b \cos(kr)}{r}$$

ただし

$$r = \left(x_1^2 + x_2^2 + x_3^2\right)^{1/2}$$

は方程式

$$\left(\frac{\partial^2}{\partial x_1^2} + \frac{\partial^2}{\partial x_2^2} + \frac{\partial^2}{\partial x_3^2}\right) u + k^2 u = 0$$

を $(x_1, x_2, x_3) \neq (0, 0, 0)$ の範囲で満たすことを示せ.

5. 区間 $[0, L]$ で関数

$$f(x) = x(L - x)$$

のフーリエ級数展開を計算せよ.

第 5 章
ラプラス変換と応用

ラプラス変換は，定数係数の線形微分方程式，ある種の積分方程式，等のよい性質をもつ方程式の解の計算に大変便利である．1,2 章の方法を学んだ上で，このような便利な計算法を知ればより理解が深まる．方程式をラプラス変換して，扱いやすい，あるいは計算可能な（微分）方程式に帰着することによって問題を解く．その際，様々な具体的な関数の積分計算のための，微分積分学の基礎が一層重要である．

5.1 ラプラス変換の定義と計算

区間 $0 \leqq x < \infty$ 上の関数 $f = f(x)$ に対して，次のような積分変換を考える．

$$L[f](\xi) = \int_0^\infty f(x)e^{-\xi x}\,dx$$

この広義積分が有限確定になるような範囲で $L[f](\xi)$ を ξ の関数として考え，f のラプラス変換という．たとえば，もし f が有界な連続関数ならば $L[f](\xi)$ は $\xi > 0$ で定まる関数となる．

命題 1 f が $I = [0, \infty)$ で区分的に連続で，ある定数 $p > 0, c > 0, \alpha \in \mathbb{R}$ に対し

$$|f(x)| \leqq cx^p e^{\alpha x} \quad (x \in I)$$

が成り立つならば，$L[f](\xi)$ は $\xi > \alpha$ の範囲で定まる．

137

138　　　　　　　第 5 章　ラプラス変換と応用

説明　仮定より $\xi > \alpha$ と仮定すると

$$|e^{-\xi x} f(x)| \leq cx^p e^{(\alpha - \xi)x}$$

となり x が増大するとき被積分関数が急速に減衰し，広義積分が収束して有限確定になるのである．詳しい証明は微分積分学の本を参照．

例題 2

次の関数に対してラプラス変換 $L[f_j](\xi)$ $(1 \leq j \leq 5)$ を計算せよ．

(1)　$f_1(x) = ax + b$　　　(2)　$f_2(x) = x^2$　　　(3)　$f_3(x) = e^{ax}$

(4)　$f_4(x) = \sin(bx)$　　　(5)　$f_5(x) = \cos(cx)$

ただし，a, b, c は実数．

【解　答】　それぞれの関数において，命題 1 で与えられる ξ の範囲で考える．

(1)　$\xi > 0$

$$\begin{aligned}
L[f_1](\xi) &= \int_0^\infty (ax + b)\, e^{-x\xi}\, dx \\
&= \left[(ax + b) \frac{-e^{-\xi x}}{\xi} \right]_0^\infty - \int_0^\infty a \frac{(-e^{-\xi x})}{\xi}\, dx \\
&= \frac{b}{\xi} + \left[-\frac{a\, e^{-\xi x}}{\xi^2} \right]_0^\infty = \frac{b}{\xi} + \frac{a}{\xi^2}
\end{aligned}$$

(2)　$\xi > 0$

$$L[f_2](\xi) = \int_0^\infty x^2\, e^{-x\xi}\, dx = \frac{1}{\xi^2} \int_0^\infty y^2\, e^{-y}\, \frac{1}{\xi}\, dy$$

（$x\xi = y$ として置換積分）

$$\begin{aligned}
&= \frac{1}{\xi^3} \left\{ \left[y^2 (-1) e^{-y} \right]_0^\infty - \int_0^\infty (-2y) e^{-y}\, dy \right\} \\
&= \frac{1}{\xi^3} \left\{ \left[-(-2y)(-1) e^{-y} \right]_0^\infty - \int_0^\infty (-2) e^{-y}\, dy \right\} = \frac{2}{\xi^3}
\end{aligned}$$

5.1. ラプラス変換の定義と計算   **139**

(3) $\xi > a$

$$L[f_3](\xi) = \int_0^\infty e^{ax}\, e^{-x\xi}\, dx = \int_0^\infty e^{(a-\xi)x}\, dx$$

$$= \left[(a-\xi)^{-1} e^{(a-\xi)x} \right]_0^\infty = \frac{1}{\xi - a}$$

(4) $\xi > 0$

$$L[f_4](\xi) = \int_0^\infty \sin(bx)\, e^{-x\xi}\, dx = \int_0^\infty \frac{e^{bxi} - e^{-bxi}}{2i}\, e^{-x\xi}\, dx$$

$$= \frac{1}{2i} \int_0^\infty \left(e^{(bi-\xi)x} - e^{(-bi-\xi)x} \right) dx$$

$$= \frac{1}{2i} \left[\frac{e^{(bi-\xi)x}}{bi - \xi} - \frac{e^{(-bi-\xi)x}}{-bi - \xi} \right]_0^\infty$$

$$= \frac{1}{2i} \left(\frac{1}{-bi + \xi} - \frac{1}{bi + \xi} \right) = \frac{b}{b^2 + \xi^2}$$

(5) $\xi > 0$

$$L[f_5](\xi) = \int_0^\infty \cos(cx)\, e^{-x\xi}\, dx = \int_0^\infty \frac{e^{cxi} + e^{-cxi}}{2}\, e^{-x\xi}\, dx$$

$$= \frac{1}{2} \int_0^\infty \left(e^{(ci-\xi)x} + e^{(-ci-\xi)x} \right) dx$$

$$= \frac{1}{2} \left[\frac{e^{(ci-\xi)x}}{ci - \xi} + \frac{e^{(-ci-\xi)x}}{-ci - \xi} \right]_0^\infty$$

$$= \frac{1}{2} \left(\frac{1}{-ci + \xi} + \frac{1}{ci + \xi} \right) = \frac{\xi}{c^2 + \xi^2}$$

■

問 1 $L[xe^{ax}]$ を計算せよ．ただし，a は実数．

問 2
$$L[x^n](\xi) = \frac{n!}{\xi^{n+1}}$$
を証明せよ．ただし，n は自然数（**ヒント**：$\int_0^\infty y^n e^{-y} dy = n!$）．

5.2 ラプラス変換の性質

微分方程式の問題にラプラス変換を応用するときの考え方は，方程式をラプラス変換して $\widetilde{u}(\xi) = L[u](\xi)$ が満たす方程式を計算することである．そのために，微分演算や掛け算とラプラス変換との交換の際の式変形が非常に重要である．そのいくつかの計算規則を本節で準備する．以下で登場する関数は命題1の条件を満たすとする（たとえば $|f(x)| \leqq c\,x^p e^{\alpha x}$）．従って得られる関係式や計算規則はすべて $\xi > \alpha$ で有効である．

命題 3

$$L\left[\frac{df}{dx}\right](\xi) = \xi\,L[f](\xi) - f(0),$$

$$L\left[\frac{d^2 f}{dx^2}\right](\xi) = \xi^2\,L[f](\xi) - \xi\,f(0) - f'(0)$$

証明　部分積分によって示す．

$$L\left[\frac{df}{dx}\right](\xi) = \int_0^\infty \frac{df}{dx}e^{-x\xi}\,dx$$

$$= \left[f(x)e^{-x\xi}\right]_0^\infty - \int_0^\infty f(x)(-\xi)e^{-x\xi}\,dx$$

$$= -f(0) + \xi\,L[f](\xi)$$

上において命題1の条件と $\xi > \alpha$ より $f(x)e^{-x\xi}|_{x=\infty} = 0$ であることを用いた．いま得た式を df/dx に対して用いる．

$$L\left[\frac{d^2 f}{dx^2}\right](\xi) = \xi\,\frac{df}{dx} - f'(0) = \xi\,(\xi\,L[f](\xi) - f(0)) - f'(0) \quad\blacksquare$$

問 3　一般の自然数 n に対して

$$L\left[\frac{d^n f}{dx^n}\right](\xi) = \xi^n L[f] - \xi^{n-1}f(0) - \xi^{n-2}\frac{df}{dx}(0)$$

$$-\cdots - \xi\frac{d^{n-2}f}{dx^{n-1}}(0) - \frac{d^{n-1}f}{dx^{n-1}}(0)$$

を示せ（ヒント：数学的帰納法）．

5.2. ラプラス変換の性質　　　**141**

命題 4
$$L[xf](\xi) = (-1)\frac{d}{d\xi}L[f](\xi)$$

より一般に次のことが成立する.

命題 5　n を自然数として
$$L[x^n f](\xi) = (-1)^n \frac{d^n}{d\xi^n}L[f](\xi)$$

証明　まず $n = 1$ を考える.
$$L[xf(x)](\xi) = \int_0^\infty xf(x)e^{-x\xi}\,dx$$
$$= \int_0^\infty f(x)\,(-1)\frac{\partial}{\partial\xi}e^{-x\xi}\,dx = -\frac{d}{d\xi}L[f](\xi)$$

これより，x が L の中から外にでるとき $-d/d\xi$ に変化することがわかる. これによって命題 5 が示される. ∎

┌─ **例題 6** ─────────────────────
次のラプラス変換を計算せよ.
  (1)　$L[x\sin\omega x]$　　　(2)　$L[x^n]$
└──────────────────────────

【解　答】　(1) 命題 4 より
$$左辺 = -\frac{d}{d\xi}L[\sin\omega x](\xi) = -\frac{d}{d\xi}\frac{\omega}{\omega^2 + \xi^2} = \frac{2\omega\xi}{(\omega^2 + \xi^2)^2}$$

(2) 命題 5 より
$$左辺 = (-1)^n \frac{d^n}{d\xi^n}L[1](\xi) = (-1)^n \frac{d^n}{d\xi^n}\frac{1}{\xi} = \frac{n!}{\xi^{n+1}}$$
∎

142　　第 5 章　ラプラス変換と応用

命題 7　　　　　　　$L[e^{\alpha x} f](\xi) = L[f](\xi - \alpha)$

証明　　$左辺 = \displaystyle\int_0^\infty e^{\alpha x} f(x) \, e^{-x\xi} \, dx = \int_0^\infty f(x) \, e^{-(\xi-\alpha)x} \, dx$

$ = L[f](\xi - \alpha)$　∎

例題 8

次のラプラス変換を計算せよ.

(1)　$L[xe^x]$　　(2)　$L[x^m e^x]$

【**解　答**】　(1) 命題 4.7 より

$$左辺 = -\frac{d}{d\xi} L[e^x](\xi) = -\frac{d}{d\xi} L[1](\xi - 1)$$

$$= -\frac{d}{d\xi}(\xi - 1)^{-1} = (\xi - 1)^{-2}$$

(2) 命題 5.7 より

$$左辺 = (-1)^m \frac{d^m}{d\xi^m} L[e^x](\xi) = (-1)^m \frac{d^m}{d\xi^m} L[1](\xi - 1)$$

$$= (-1)^m \frac{d^m}{d\xi^m}(\xi - 1)^{-1} = \frac{m!}{(\xi - 1)^{m+1}}$$　∎

命題 9　　　　$L\left[\displaystyle\int_0^x f(y) \, dy\right](\xi) = \frac{1}{\xi} L[f](\xi)$

証明　　$左辺 = \displaystyle\int_0^\infty \left(\int_0^x f(y) \, dy\right) e^{-x\xi} \, dx$

$$= \left[\left(\int_0^x f(y) \, dy\right) \frac{e^{-x\xi}}{-\xi}\right]_0^\infty - \int_0^\infty f(x) \frac{e^{-x\xi}}{-\xi} \, dx$$

$$= \frac{1}{\xi} L[f](\xi)$$　∎

5.2. ラプラス変換の性質　　　　143

合成積

$$(f * g)(x) = \int_0^x f(x - y)g(y)dy$$

とラプラス変換の関係は次の通りである．これは積分方程式の解法に応用される．

命題 10　　　　$L[(f * g)(x)](\xi) = L[f](\xi)L[g](\xi)$

証明
$$左辺 = \int_0^\infty \left(\int_0^x f(x - y)\, g(y)\, dy \right) e^{-x\xi}\, dx$$

$$= \int_0^\infty \int_y^\infty f(x - y)g(y)e^{-x\xi}\, dx\, dy$$

$$= \int_0^\infty \left(\int_y^\infty f(x - y)e^{-(x-y)\xi}dx \right) g(y)e^{-y\xi}\, dy$$

$$= \int_0^\infty \left(\int_0^\infty f(z)e^{-z\xi}dz \right) g(y)e^{-y\xi}\, dy$$

$$= L[f](\xi)L[g](\xi) \qquad\blacksquare$$

　　逆ラプラス変換　　ラプラス変換の応用の際に，この変換の与える対応

$$f \longmapsto L[f](\xi)$$

が1対1対応であることが望まれる．具体的な応用問題において欲しい関数 f について，まず，$\rho = L[f]$ が計算によって求められて，次に f 自身を求めたいときにラプラス変換の逆変換 L^{-1} を考える必要がある．もし，L が与える対応が1対1でなければ ρ に対して f としてどれを採用すべきか，それも問題である．たとえば，$L[x^2](\xi) = 2/\xi^3$ であることが例題2で示されているが，もしある関数 f について $L[f](\xi) = 2/\xi^3$ だったならば $f(x) = x^2$ が結論できるであろうか？実はラプラス変換は1対1であること成り立ち，このようなことが結論できるのである．また，逆ラプラス変換をラプラス変換の逆写像として定義できるのである．実際，次の定理が成立する．

144　　　　　　　　第 5 章　ラプラス変換と応用

> **定理 11**　$I = [0, \infty)$ 上で区分的連続関数 f_1, f_2 があり，条件
>
> $$|f_j(x)| \leqq c\, x^p e^{\alpha x} \quad (x \in I,\; j = 1, 2)$$
>
> $(p > 0,\, c > 0,\, \alpha : 実数定数)$ が成立するとする．
> 　このとき，もし $L[f_1](\xi) = L[f_2](\xi)\ (\xi > \alpha)$ ならば $f_1(x) \equiv f_2(x)$
> $(x \in I)$ である．

　特別なケースの証明　一般の場合の証明は進んだ事柄が必要なので，ここでは，f_1, f_2 が実数値の多項式関数の場合に限って証明する．$f(x) = f_2(x) - f_1(x)$ とおくと f も多項式だから

$$f(x) = a_0 + a_1 x + a_2 x^2 + \cdots + a_n x^n \quad (a_j : 実数)$$

とおける．仮定より $L[f](\xi) = L[f_1](\xi) - L[f_2](\xi) = 0$ であるから，

$$L[f](\xi) = \int_0^\infty f(x) e^{-x\xi}\, dx = 0 \quad (\xi > \alpha)$$

である．この式の両辺を ξ で微分すると

$$\frac{d}{d\xi} L[f](\xi) = \int_0^\infty (-x)\, f(x) e^{-x\xi}\, dx = 0$$

同様に ξ で j 回微分して

$$\frac{d^j}{d\xi^j} L[f](\xi) = \int_0^\infty (-x)^j\, e^{-x\xi} f(x)\, dx = 0$$

さてこの式に $(-1)^j a_j$ を掛けて $j = 0, 1, 2, \cdots, n$ について加えると

$$\sum_{j=0}^n (-1)^j a_j \int_0^\infty (-x)^j\, f(x) e^{-x\xi}\, dx = \sum_{j=0}^n \int_0^\infty a_j x^j\, f(x) e^{-x\xi}\, dx = 0$$

であるが $f(x) = \sum_{j=0}^n a_j x^j$ であったから

$$\int_0^\infty f(x)^2 e^{-x\xi}\, dx = 0$$

となり，$e^{-x\xi} > 0$ より，$f(x) \equiv 0$ が示された．■

5.2. ラプラス変換の性質　　　　145

┌─ 例題 12 ────────────────────────────
関数 f, g について

$$L[f](\xi) = \frac{1}{\xi(\xi^2 + 1)}, \quad L[g](\xi) = \frac{\xi - 4}{\xi^2 + 2\xi + 4}$$

のとき関数 f, g を求めよ.
└───────────────────────────────────

【解　答】
$$L[f](\xi) = \frac{1}{\xi} - \frac{\xi}{\xi^2 + 1}$$

と変形できるが, 命題 2 より $L[1](\xi) = 1/\xi$, $L[\cos x](\xi) = \xi/(\xi^2 + 1)$, すなわち

$$L[1 - \cos x](\xi) = \frac{1}{\xi} - \frac{\xi}{\xi^2 + 1}$$

よって, 定理 11 を適用して $f(x) = 1 - \cos x$ を得る.

$$\begin{aligned}
L[g](\xi) &= \frac{(\xi + 1) - 5}{(\xi + 1)^2 + 3} \\
&= \frac{\xi + 1}{(\xi + 1)^2 + 3} - \frac{5}{(\xi + 1)^2 + 3}
\end{aligned}$$

命題 2.7 より

$$L[e^{-x}\cos(\sqrt{3}x)](\xi) = L[\cos(\sqrt{3}x)](\xi + 1) = \frac{(\xi + 1)}{(\xi + 1)^2 + 3},$$

$$L[e^{-x}\sin(\sqrt{3}x)] = L[\sin(\sqrt{3}x)](\xi + 1) = \frac{\sqrt{3}}{(\xi + 1)^2 + 3},$$

$$L\left[e^{-x}\cos(\sqrt{3}x) - \frac{5}{\sqrt{3}}e^{-x}\sin(\sqrt{3}x)\right](\xi)$$

$$= \frac{\xi + 1}{(\xi + 1)^2 + 3} - \frac{5}{(\xi + 1)^2 + 3}$$

よって, 定理 11 を適用して, 次式を得る.

$$g(x) = e^{-x}\cos(\sqrt{3}x) - \frac{5}{\sqrt{3}}e^{-x}\sin(\sqrt{3}x)$$　■

146　　第 5 章　ラプラス変換と応用

5.3　微分方程式への応用

　以下，関数 $u(x)$ のラプラス変換を $\widetilde{u}(\xi)$ で表すことにする．1 章において扱った単振動の方程式をラプラス変換で調べてみよう．

$$\frac{d^2 u}{dx^2} + \omega^2 u = 0$$

両辺にラプラス変換を施す．$\widetilde{u}(\xi) = L[u](\xi)$ として命題 3 の計算規則を用いると

$$L\left[\frac{d^2 u}{dx^2} + \omega^2 u\right] = \xi^2\, \widetilde{u} - u'(0) - \xi u(0) + \omega^2 \widetilde{u}$$

$$= 0$$

これより $\widetilde{u}$ に関して解いて

$$\widetilde{u}(\xi) = \frac{u'(0)}{\xi^2 + \omega^2} + \frac{u(0)\,\xi}{\xi^2 + \omega^2}$$

これの逆ラプラス変換を考える．例題 2 より

$$L[\sin \omega x] = \frac{\omega}{\xi^2 + \omega^2},$$

$$L[\cos \omega x] = \frac{\xi}{\xi^2 + \omega^2}$$

を思い出すと

$$u(x) = u'(0)\frac{1}{\omega}\sin \omega x + u(0)\cos \omega x$$

を得る．

$$u(0) = a, \quad \frac{u'(0)}{\omega} = b$$

として，一般解

$$u(x) = a\,\cos \omega x + b\,\sin \omega x$$

を得る．1 章定理 4 が再検証された．

5.3. 微分方程式への応用　　　　**147**

例題 13

$\alpha \neq \beta$ のとき，次の方程式の一般解を求めよ．

$$\frac{d^2u}{dx^2} - (\alpha + \beta)\frac{du}{dx} + \alpha\beta\,u = 0$$

【**解　答**】　方程式の両辺のラプラス変換をする．命題 3 を用いて

$$\xi^2\,\widetilde{u} - u'(0) - \xi\,u(0) - (\alpha + \beta)(\xi\widetilde{u} - u(0)) + \alpha\beta\widetilde{u} = 0$$

であるが，$\widetilde{u}$ に関して解いて

$$\begin{aligned}
\widetilde{u}(\xi) &= \frac{\{u'(0) - (\alpha + \beta)u(0)\} + u(0)\xi}{(\xi - \alpha)(\xi - \beta)} \\
&= \frac{u'(0) - (\alpha + \beta)u(0)}{\alpha - \beta}\left(\frac{1}{\xi - \alpha} - \frac{1}{\xi - \beta}\right) \\
&\quad + \frac{u(0)}{\beta - \alpha}\left(\frac{\alpha}{\xi - \alpha} - \frac{\beta}{\xi - \beta}\right)
\end{aligned}$$

逆ラプラス変換を考えて例題 2 より $L[e^{ax}](\xi) = (\xi - a)^{-1}$ を用いて

$$\begin{aligned}
u(x) &= \frac{u'(0) - (\alpha + \beta)u(0)}{\alpha - \beta}(e^{\alpha x} - e^{\beta x}) \\
&\quad + \frac{u(0)}{\beta - \alpha}(\alpha e^{\alpha x} - \beta e^{\beta x})
\end{aligned}$$

を得る．整理して任意定数をおき直して 1 章 (4.9) の形 $u(x) = c_1\,e^{\alpha x} + c_2\,e^{\beta x}$
が示される．■

問 4　ラプラス変換によって，次の方程式の一般解を求めよ．

$$\frac{d^2u}{dx^2} - 2\alpha\frac{du}{dx} + \alpha^2\,u = 0$$

148   第 5 章　ラプラス変換と応用

┌─ 例題 14 ─────────────────────────────────
│
│ ラプラス変換によって
│
│ $$\frac{d^3u}{dx^3} - 3\frac{d^2u}{dx^2} + 3\frac{du}{dx} - u = e^x,$$
│
│ $$u(0) = u'(0) = u''(0) = 0$$
│
│ を解け.
│
└──

【解　答】　両辺をラプラス変換して

$$(\xi^3\widetilde{u}(\xi) - \xi^2 u(0) - \xi u'(0) - u''(0))$$

$$-3(\xi^2\widetilde{u}(\xi) - \xi u(0) - u'(0)) + 3(\xi\widetilde{u}(\xi) - u(0)) - \widetilde{u}(\xi)$$

$$= (\xi - 1)^{-1}$$

ここで，条件 $u(0) = u'(0) = u''(0) = 0$ を使って式を整理すると

$$(\xi - 1)^3\widetilde{u}(\xi) = (\xi - 1)^{-1}$$

となり，よって

$$\widetilde{u}(\xi) = (\xi - 1)^{-4}$$

ここで，

$$L[e^x x^3](\xi) = L[x^3](\xi - 1) = \frac{3!}{(\xi - 1)^4}$$

であったから

$$u(x) = \frac{e^x x^3}{6}$$

を得る. ■

　以上で扱った例以外にもラプラス変換は線形の連立系の微分方程式や高階微分
方程式にも有効である．2 章で登場した方程式にも適用してみることを勧める.

5.4 積分方程式への応用

積分方程式は微分方程式ほどではないがよく登場する．ボルテラ型積分方程式には特にラプラス変換が有効である．

次のような積分方程式を考える．ラプラス変換を用いる解き方と用いない解き方をやってみよう．

$$u(x) = 1 + \int_0^x (x-y)\, u(y)\, dy$$

(i) **ラプラス変換を用いる方法** $g(x) = x$ とおくと方程式は $u(x) = 1 + (g * u)(x)$ であるから，両辺をラプラス変換して $\widetilde{u}(\xi) = (1/\xi) + \widetilde{g}(\xi)\,\widetilde{u}(\xi)$ を得る．ここで，$\widetilde{g}(\xi) = 1/\xi^2$ であったので，式を変形して

$$\widetilde{u}(\xi) = \left(\frac{1}{\xi}\right) \Big/ (1 - 1/\xi^2) = \frac{1}{2}\left(\frac{1}{\xi - 1} + \frac{1}{\xi + 1}\right),$$

$$u(x) = \frac{1}{2}(e^x + e^{-x})$$

を得る．

(ii) **ラプラス変換を用いない方法** 方程式を

$$u(x) = 1 + x\int_0^x u(y)\, dy - \int_0^x y\, u(y)\, dy$$

と変形して，両辺を微分する

$$\frac{du}{dx} = \int_0^x u(y)\, dy + x\, u(x) - x\, u(x) = \int_0^x u(y)\, dy$$

最初の方程式およびこの式で $x = 0$ として初期条件 $u(0) = 1, u'(0) = 0$ がわかる．さらに，もう一度微分する

$$\frac{d^2 u}{dx^2} = u(x)$$

となり，これは 2 章で学んだ方程式で一般解

$$u(x) = c_1 e^x + c_2 e^{-x}$$

を得る．初期条件より $c_1 = c_2 = 1/3$．よって $u(x) = (e^x + e^{-x})/2$ になり (i)

150　　　　　第 5 章　ラプラス変換と応用

と同じ解を得た．積分方程式を微分して微分方程式に帰着しそれを解くことで
解決できることもある．ラプラス変換を使う方法と比べてどちらが容易である
かは場合による．いずれにしても，いろいろなやり方を試みておくとよい．

例題 15

次の積分方程式をラプラス変換によって解け．

$$u(x) = x + 1 + \int_0^x \sin(x - y)\, u(y)\, dy$$

【**解　答**】　$g(x) = \sin x$ とおくと方程式は

$$u(x) = x + 1 + (g * u)(x)$$

ラプラス変換して

$$\widetilde{u}(\xi) = \frac{1}{\xi^2} + \frac{1}{\xi} + \widetilde{g}(\xi)\widetilde{u}(\xi)$$

$$= \frac{1}{\xi^2} + \frac{1}{\xi} + \frac{1}{\xi^2 + 1}\widetilde{u}(\xi)$$

であり，整理して

$$\widetilde{u}(\xi) = \frac{1}{\xi} + \frac{1}{\xi^2} + \frac{1}{\xi^3} + \frac{1}{\xi^4}$$

よって，逆ラプラス変換を用いて

$$u(x) = 1 + x + \frac{x^2}{2} + \frac{x^3}{6}$$　　　　　■

　注　この方程式は

$$u(x) = x + 1 + \sin x \int_0^x (\cos y)\, u(y)\, dy - \cos x \int_0^x (\sin y)\, u(y)\, dy$$

として，両辺を微分しながら微分方程式を導く方法でも解ける．試みるとよい．

　問 5　次の方程式をラプラス変換を用いて解け．

(1)　$u(x) = 1 + \displaystyle\int_0^x 2\cos(x - y)\, u(y)\, dy$

(2)　$u(x) = 1 + x + \displaystyle\int_0^x e^{x - y}\, u(y)\, dy$

演 習 問 題　　　　**151**

演習問題

1. 次の方程式をラプラス変換を用いて解け.

(1) $\dfrac{d^2u}{dx^2} - 4\dfrac{du}{dx} + 4u = \sin x,\ u(0) = 0,\ u'(0) = 0$

(2) $\dfrac{d^2u}{dx^2} - 4\dfrac{du}{dx} - 5u = e^x + x,\ u(0) = 0,\ u'(0) = 0$

2. 次の方程式をラプラス変換を用いて解け.

(1) $\dfrac{du_1}{dx} = 2u_1 + u_2,\ \dfrac{du_2}{dx} = 3u_1 + 4u_2,\ \ u_1(0) = 1,\ \ u_2(0) = 0$

(2) $\dfrac{du_1}{dx} = 3u_1 - u_2 + 1,\ \dfrac{du_2}{dx} = -u_1 + 3u_2 + x,\ \ u_1(0) = 1,\ u_2(0) = 0$

3. 次の方程式をラプラス変換を用いて一般解を求めよ.

$$\frac{du_1}{dx} = 2u_1 + u_2 + 1,\qquad \frac{du_2}{dx} = 3u_1 + 4u_2 + x$$

また, $u_1(0) = u_2(0) = 0$ となるものを求めよ.

4. （微分積分方程式）次の方程式をラプラス変換を用いて解け.

(1) $\dfrac{du}{dx} = u + 1 + \displaystyle\int_0^x e^{x-y} u(y) dy,\ \ u(0) = 0$

(2) $\dfrac{d^2u}{dx^2} = x + \displaystyle\int_0^x (x - y) u(y) dy,\ \ u(0) = u'(0) = 0$

付　章
予備知識と補足

A.1　複　素　数

　実数およびその全体である $\mathbb{R}$ を既知として複素数とその演算についてまとめる．i として虚数単位なるものを考える．これは 2 乗して -1 を生む数であるとする（$i^2 = -1$）．いま $x, y \in \mathbb{R}$ に対し，$z = x + yi$ というものを考え，これを**複素数**という．$x, y \in \mathbb{R}$ を自由にいろいろ動かして得られる全体を $\mathbb{C}$ とおく．$y = 0$ のとき，自然に $x + 0i = x$ として，$\mathbb{R} \subset \mathbb{C}$ と思うことができる．さて，$\mathbb{C}$ に四則演算を導入しよう．$z_1 = x_1 + y_1 i$，$z_2 = x_2 + y_2 i \in \mathbb{C}$ に対し

$$z_1 + z_2 = (x_1 + x_2) + (y_1 + y_2)\, i,$$
$$z_1 z_2 = (x_1 x_2 - y_1 y_2) + (x_1 y_2 + x_2 y_1)\, i$$

と定義する．それぞれの定義式の右辺のカッコの中の演算は通常の実数の四則演算である．また，$i^2 = -1$ が成り立っていることに注意．これによって，和と積が定められた．次に，差については

$$z_1 - z_2 = z_1 + (-1)\, z_2$$

で定める．また，特に z_1, z_2 が実数のときは自然に実数の和，積，差になっていることも簡単に確認できる．また，

$$z_1 + z_2 = z_2 + z_1$$

および

$$z_1 z_2 = z_2 z_1$$

も容易である．割り算については少し考察が必要である．

152

A.1. 複 素 数

命題 1 $z \in \mathbb{C}$ が $z \neq 0$ ならば

$$z\zeta = \zeta z = 1$$

となる唯一の $\zeta \in \mathbb{C}$ が存在する. これを z^{-1} とかく.

証明 $z = x + yi \neq 0$ $(x, y \in \mathbb{R})$ とする. このとき, $x \neq 0$ または $y \neq 0$ であるから $x^2 + y^2 > 0$ となることに注意. ここで, $\zeta = \xi + \eta i$ $(\xi, \eta \in \mathbb{R})$ とおいて

$$z\zeta = \zeta z = (x\xi - y\eta) + (x\eta + y\xi)i = 1$$

として $x\xi - y\eta = 1, x\eta + y\xi = 0$. これを解いて $\xi = x/(x^2 + y^2), \eta = (-y)/(x^2 + y^2)$ を得る. 逆に

$$\zeta = \frac{x}{x^2 + y^2} + \frac{-y}{x^2 + y^2}i$$

は $z\zeta = \zeta z = 1$ を満たすことは容易に確かめられる. ∎

以上をあわせて四則演算が自然に $\mathbb{C}$ にまで拡張された.

共役複素数, 絶対値 任意の $z = x + yi \in \mathbb{C}$ $(x, y \in \mathbb{R})$ に対して, 共役複素数 $\overline{z}$ と絶対値 $|z|$ を

$$\overline{z} = x + (-y)\,i,$$

$$|z| = \sqrt{x^2 + y^2}$$

によって定める. このとき次の性質が成立する.

命題 2 $\quad z\overline{z} = |z|^2, \quad \overline{z_1 z_2} = \overline{z}_1 \overline{z}_2, \quad |z_1 z_2| = |z_1| \cdot |z_2|$

これらは計算で容易に示される. また, 次の三角不等式も有用である.

命題 3 $\qquad\qquad |z_1 + z_2| \leqq |z_1| + |z_2|$

証明は線形代数の本を参照.

154　　　　　　　　付章　予備知識と補足

A.2　指数関数の複素変数への拡張，代数学の基本定理

指数関数 e^x において変数 x の動く範囲を実数全体 $\mathbb{R}$ から複素数全体 $\mathbb{C}$ へ拡張することを考える．前節で復習したように $\mathbb{C}$ は

$$\mathbb{C} = \{x + yi \mid x, y \in \mathbb{R}\}$$

なる集合である．$\mathbb{C}$ の一般の要素 $z = x + yi$ $(x, y \in \mathbb{R})$ に対して e^z を定めたいが，当然のことながら $y = 0$ の場合は自然に実数の場合の e^x に一致していなければならない．e^z の定義を以下のように定める．

$$e^z = e^x \cos y + (e^x \sin y)\, i$$

確かに，$y = 0$ のとき $\cos 0 = 1, \sin 0 = 0$ となって $e^z = e^x$ となっている．また，このように複素数に拡張されても依然として指数関数として振る舞うこと（従来の指数法則を満たすこと）が確かめられる．

命題 4　$z_1, z_2 \in \mathbb{C}$ に対して $e^{z_1+z_2} = e^{z_1} e^{z_2}$ が成立する．

証明　$z_1 = x_1 + y_1 i,\, z_2 = x_2 + y_2 i \in \mathbb{C}$ とおくと，$z_1 + z_2 = (x_1 + x_2) + (y_1 + y_2)i$ より左辺を変形すると（三角関数の加法定理使用），

$$
\begin{aligned}
e^{z_1+z_2} &= e^{x_1+x_2}\{\cos(y_1 + y_2) + i\sin(y_1 + y_2)\} \\
&= e^{x_1}e^{x_2}\{\cos y_1 \cos y_2 - \sin y_1 \sin y_2 \\
&\qquad +i(\sin y_1 \cos y_2 + \sin y_2 \cos y_1)\} \\
&= e^{x_1}e^{x_2}(\cos y_1 + \sin y_1)(\cos y_2 + i\sin y_2) \\
&= e^{z_1}e^{z_2}
\end{aligned}
$$

∎

この命題を用いて次の性質が簡単に従う．

命題 5（ド・モアブルの公式）

$$(\cos\theta + (\sin\theta)\,i)^m = \cos m\theta + (\sin m\theta)\,i \quad (\theta \in \mathbb{R},\, m \in \mathbb{Z})$$

証明　前命題を用いて $(e^z)^m = e^{mz}$ であるから，$z = \theta i$ とおいて結果を得る．∎

A.2. 指数関数の複素変数への拡張，代数学の基本定理　　155

命題 6　複素定数 $\xi \in \mathbb{C}$ に対し $e^{\xi x}$ を実数変数 x の複素数値関数とみなせば

$$\frac{d}{dx}e^{\xi x} = \xi e^{\xi x}$$

証明　$\xi = \alpha + i\beta$ $(\alpha, \beta \in \mathbb{R})$ とおいて

$$
\begin{aligned}
\text{左辺} &= \frac{d}{dx}e^{\xi x} \\
&= \frac{d}{dx}e^{\alpha x + i\beta x} \\
&= \frac{d}{dx}e^{\alpha x}(\cos \beta x + i \sin \beta x) \\
&= \alpha e^{\alpha x}(\cos \beta x + i \sin \beta x) + e^{\alpha x}\beta(-\sin \beta x + i \cos \beta x) \\
&= (\alpha + i\beta)e^{\alpha x}(\cos \beta x + i \sin \beta x) \\
&= \xi e^{\xi x} \qquad\qquad\qquad\qquad\qquad\qquad\qquad\blacksquare
\end{aligned}
$$

三角関数の拡張　複素領域に拡張された指数関数 e^z を用いて sin や cos も同様に拡張できる．

$$\cos z = \frac{e^{iz} + e^{-iz}}{2}, \quad \sin z = \frac{e^{iz} - e^{-iz}}{2i},$$

$$\tan z = \frac{\sin z}{\cos z}, \quad \cot z = \frac{1}{\tan z}$$

として三角関数なども複素変数まで拡張できる．これらも実数の場合の自然な拡張になっていることを確かめたい．また，三角関数の加法定理なども複素数の範囲で成立する．

極形式　一般の複素数 $z \in \mathbb{C}$ に対し $r = |z| \geqq 0$ とおく．さて，$r > 0$ のとき z/r は絶対値が 1 だから

$$\frac{z}{r} = \cos \theta + i \sin \theta \quad (0 \leqq \theta < 2\pi)$$

とできる．すなわち，任意の z に対し

$$z = re^{i\theta} \quad (r \geqq 0, 0 \leqq \theta < 2\pi)$$

と表すことができる．これを**極形式**という．極形式は複素数のべきやべき根（m 乗，

156　　　　　　付章　予備知識と補足

m 乗根）を考える際便利である．たとえば，$z = -1 + \sqrt{3}i$ に対して m 乗を考えたい場合，極形式で表して $z = 2e^{(2\pi/3)i}$ とすれば，$z^m = 2^m e^{(2m\pi/3)i}$ が得られる．また，複素数 a の m 乗根 ζ すなわち，

$$\zeta^m = a$$

となる ζ は，a を極形式 $a = re^{\phi i}$ としておけば，

$$\zeta = r^{1/m} e^{i(\phi + 2\pi k)/m} \quad (k = 0, 1, 2, \cdots, m-1)$$

が，答になることがすぐわかる．特に $m = 2$ の場合は $k = 0, 1$ に対する二つの平方根がある．一つを $\sqrt{a}$ とかけばもう一つは $-\sqrt{a}$ になる．

さて複素数の導入によって 2 次方程式が自由に解けることになる．次を考えよう．

$$az^2 + bz + c = 0$$

ただし，a, b, c は複素数で，$a \neq 0$ とする．実数の係数をもつ場合と同様な計算（四則演算）が可能だから平方完成して

$$\left(z + \frac{b}{2a}\right)^2 = \frac{b^2 - 4ac}{4a^2}$$

ここで，両辺が複素数であることから平方根を考えて

$$z + \frac{b}{2a} = \pm \frac{\sqrt{b^2 - 4ac}}{2a}$$

となり，解が具体的に得られる．一般の m 次方程式はどうであろうか．実は根の公式は一般にはない．しかし，重複を込めて m 個の根をもつことは知られている．

定理 7（代数学の基本定理）　　任意の m 次多項式

$$g(z) = z^m + a_1 z^{m-1} + \cdots + a_{m-1} z + a_m$$

は 1 次式の積に分解できる，すなわち，$\alpha_1, \alpha_2, \cdots, \alpha_m \in \mathbb{C}$ が存在して

$$g(z) = (z - \alpha_1)(z - \alpha_2) \cdots (z - \alpha_m)$$

ただし，$\alpha_1, \alpha_2, \cdots, \alpha_m$ は異なっているとは限らない．

A.3 微分方程式の解の一意存在について

本項では，一般的な常微分方程式について初期値問題の解の存在と一意性について述べる．ここでの注意は，解が存在するということと，具体的に表示できること，は異なるということである．以下の定理は解が文字通り "それが単にある" ということを主張しているにすぎない．1 章においていくつかの特定の方程式について具体的に解を求めた（三角関数，指数関数，多項式関数を用いて表示できた）．しかし，一般にはいつもそのようなことはできるとは限らない．ただ存在が主張できるだけである．

次のような一般的な（連立形）微分方程式を扱う．m を自然数とする．

$$\frac{d\boldsymbol{u}}{dx} = \boldsymbol{f}(x, \boldsymbol{u}),$$
$$\boldsymbol{u}(x_0) = \boldsymbol{u}_0 \tag{A.1}$$

この方程式はベクトル形で表されている．すなわち，

$$\boldsymbol{u}(x) = \begin{bmatrix} u_1(x) \\ \vdots \\ u_m(x) \end{bmatrix},$$

$$\boldsymbol{f}(x, \boldsymbol{u}) = \begin{bmatrix} f_1(x, \boldsymbol{u}) \\ \vdots \\ f_m(x, \boldsymbol{u}) \end{bmatrix}$$

方程式の $\boldsymbol{f}$ は $(x, \boldsymbol{u})$ の連続関数であるとする．さらに，$\boldsymbol{u}$ に関する**局所リプシッツ連続**とよばれる条件を課す．

条件 (A) $\boldsymbol{f}$ は $a < x < b$, $\boldsymbol{u} \in \mathbb{R}^m$ で定義されたベクトル値連続関数で任意の $\eta > 0$ に対し，ある定数 $M > 0$ があって，

$$|\boldsymbol{f}(x, \boldsymbol{u}) - \boldsymbol{f}(x, \boldsymbol{v})| \leqq M|\boldsymbol{u} - \boldsymbol{v}| \quad (a < x < b, \ |\boldsymbol{u}| < \eta, \ |\boldsymbol{v}| < \eta)$$

注 この条件は $\boldsymbol{f}$ が $x, \boldsymbol{u}$ に関して C^1–級なら成立する．特に $\boldsymbol{f}$ が滑らかな関数ならつねに成立する条件である．

定理 8 条件 (A) のもとで，任意の $x_0 \in \mathbb{R}$ と $\boldsymbol{u}_0 \in \mathbb{R}^m$ に対して，ある $\delta > 0$ があり，区間 $(x_0 - \delta, x_0 + \delta)$ で (A.1) を満たす解 C^1–級のベクトル値関数 $\boldsymbol{u} = \boldsymbol{u}(x)$ がただ一つ存在する．

条件 (A) をより強い条件 (B) におき換えて解の定義域を区間 (a, b) 全体にとるこ

158   付章　予備知識と補足

とができる．すなわち，x に関して大域的な解が得られるような状況が得られる．

条件 (B)　f は $a < x < b, u \in \mathbb{R}^m$ で定義されたベクトル値連続関数で，ある定数
$M > 0$ があって，

$$|f(x, u) - f(x, v)| \leqq M|u - v| \quad (a < x < b, \ u, v \in \mathbb{R}^m)$$

(B) は (A) の特別な場合であるから前定理を用いれば少なくとも局所解が一意に存
在する．その解が (a, b) 全体に延長できるというのが次の定理の主張．

定理 9　条件 (B) のもとで，任意の $x_0 \in (a, b)$ と $u_0 \in \mathbb{R}^m$ に対して (A.1) の
解 $u = u(x)$ が区間 (a, b) で一意に存在する．

特に
$$f(x, u) = A(x)u$$
で $A(x)$ が $x \in \mathbb{R}$ で定義された行列値の連続関数の場合は条件 (B) を満たすので解
が考えている全体の範囲で存在する．

以下，この定理の証明の概略を説明する．

まず，微分方程式は，次の積分方程式と同値であることに注意する．

$$u(x) = u_0 + \int_{x_0}^{x} f(\tau, u(\tau)) \, d\tau \tag{A.2}$$

なぜならばもし (A.1) の解があったとすると，(A.1) を x_0 から x まで積分して (A.2)
を得る．逆に，(A.2) の連続関数の解 u があったら (A.2) の右辺の形から u は C^1-
級 になり，微分して (A.1) を得る．

この積分方程式を逐次近似法を用いて近似解を構成する．次の積分漸化式によって
関数列 $u_1(x), u_2(x), \cdots, u_k(x), \cdots$ を定義する．

$$u_0(x) \equiv u_0,$$

$$u_{k+1}(x) = u_0 + \int_{x_0}^{x} f(\tau, u_k(\tau)) \, d\tau \quad (k \geqq 0) \tag{A.3}$$

この関数列が収束して極限関数が積分方程式の解になることを示すことになる．

まず次の不等式を数学的帰納法で示す．

$$|u_{k+1}(x) - u_k(x)| \leqq \frac{cM^k|x - x_0|^{k+1}}{(k+1)!} \quad (a < x < b, \ k \geqq 0) \tag{A.4}$$

ただし，

A.3. 微分方程式の解の一意存在について 159

$$c = \sup_{a < x < b} |\boldsymbol{f}(x, \boldsymbol{u}_0)|$$

$k = 0$ の場合は定義式より，次式のようになり正しい．

$$|\boldsymbol{u}_1(x) - \boldsymbol{u}_0(x)| = \left| \int_{x_0}^x \boldsymbol{f}(\tau, \boldsymbol{u}_0) \, d\tau \right| \leqq c|x - x_0|$$

k の場合を正しいとして

$$|\boldsymbol{u}_{k+2}(x) - \boldsymbol{u}_{k+1}(x)| \leqq \left| \int_{x_0}^x \boldsymbol{f}(\tau, \boldsymbol{u}_{k+1}(\tau)) \, d\tau - \int_{x_0}^x \boldsymbol{f}(\tau, \boldsymbol{u}_k(\tau)) \, d\tau \right|$$

$$= \left| \int_{x_0}^x (\boldsymbol{f}(\tau, \boldsymbol{u}_{k+1}(\tau)) - \boldsymbol{f}(\tau, \boldsymbol{u}_k(\tau))) \, d\tau \right|$$

$$\leqq \left| \int_{x_0}^x M |\boldsymbol{u}_{k+1}(\tau) - \boldsymbol{u}_k(\tau)| \, d\tau \right|$$

$$\leqq \left| \int_{x_0}^x M \frac{cM^k |\tau - x_0|^{k+1}}{(k+1)!} \, d\tau \right|$$

$$\leqq \frac{cM^{k+1} |x - x_0|^{k+2}}{(k+2)!}$$

よって，$k+1$ の場合に (A.4) が示された．

さて

$$\begin{aligned}
\boldsymbol{u}_k(x) = \boldsymbol{u}_0(x) &+ \{\boldsymbol{u}_1(x) - \boldsymbol{u}_0(x)\} + \{\boldsymbol{u}_2(x) - \boldsymbol{u}_1(x)\} \\
&+ \cdots + \{\boldsymbol{u}_k(x) - \boldsymbol{u}_{k-1}(x)\}
\end{aligned} \tag{A.5}$$

よって近似解 $\boldsymbol{u}_k(x)$ は級数の形で表されるが (A.5) の右辺を不等式 (A.4) を用いて評価すると

$$\begin{aligned}
|\boldsymbol{u}_0(x)| + |\boldsymbol{u}_1(x) - \boldsymbol{u}_0(x)| &+ |\boldsymbol{u}_2(x) - \boldsymbol{u}_1(x)| + \cdots + |\boldsymbol{u}_k(x) - \boldsymbol{u}_{k-1}(x)| \\
&\leqq |\boldsymbol{u}_0| + \sum_{l=0}^{k-1} \frac{cM^l |x - x_0|^{l+1}}{(l+1)!}
\end{aligned} \tag{A.6}$$

ここで，$k \to \infty$ としたとき (A.6) の右辺は

$$|\boldsymbol{u}_0| + \sum_{l=0}^{\infty} \frac{cM^l |x - x_0|^{l+1}}{(l+1)!} = |\boldsymbol{u}_0| + \frac{c}{M} (e^{M|x-x_0|} - 1)$$

に収束する．よって，優級数の定理より $\boldsymbol{u}_k(x)$ はある連続関数 $\boldsymbol{u}(x)$ に一様収束する．積分漸化式 (A.3) で $k \to \infty$ として積分方程式の解を得た．

160　　　　　付章　予備知識と補足

A.4　線形空間（ベクトル空間）

　線形空間 $\mathcal{S}$ はあるいはベクトル空間ともよばれるが，線形演算すなわち和とスカラー倍（定数倍）という操作が備わった集合のことである．すなわち，任意の $\boldsymbol{u}, \boldsymbol{v} \in \mathcal{S}$，と数 a に対して，和 $\boldsymbol{u} + \boldsymbol{v} \in \mathcal{S}$ と $a\boldsymbol{u} \in \mathcal{S}$ が定まり，通常の自然な交換法則，分配法則などの性質が成立することである．通常，数（スカラー）a は数体 K からとるが，本書では $K = \mathbb{R}$（実数全体）あるいは $K = \mathbb{C}$（複素数全体）の場合のみ扱う．$\mathcal{S}$ の部分集合 $\mathcal{S}'$ であり，スカラー倍，和の演算に関して閉じているもの，すなわち $\boldsymbol{u}, \boldsymbol{v} \in \mathcal{S}'$ と数 a に対して $\boldsymbol{u} + \boldsymbol{v} \in \mathcal{S}', a\boldsymbol{u} \in \mathcal{S}'$ となるものを**部分線形空間**あるいは**部分ベクトル空間**という．

　例　n 次元数空間 $\mathbb{R}^n = \{(x_1, \cdots, x_n) \mid x_j \in \mathbb{R}, \, 1 \leqq j \leqq n\}$

　例　n 次以下の多項式全体

$$P(n) = \{c_0 + c_1 x + c_2 x^2 + \cdots + c_n x^n \mid c_j \in K \ (0 \leqq j \leqq n)\}$$

　例　領域 Ω 上の実数値関数全体．

定義（線形独立）　　線形空間 $\mathcal{S}$ の有限個の要素の組 $\boldsymbol{u}_1, \boldsymbol{u}_2, \cdots, \boldsymbol{u}_l$ が**線形独立**（あるいは **1 次独立**）とは

$$c_1 \boldsymbol{u}_1 + c_2 \boldsymbol{u}_2 + \cdots + c_l \boldsymbol{u}_l = \boldsymbol{0} \, (\text{ゼロベクトル})$$

となるスカラーの組は $(c_1, c_2, \cdots, c_l) = (0, 0, \cdots, 0)$ のみである，ことである．

定義（生成，次元）　　線形空間 $\mathcal{S}$ が有限個 $\boldsymbol{v}_1, \boldsymbol{v}_2, \cdots, \boldsymbol{v}_m \in \mathcal{S}$ によって

$$\mathcal{S} = \{c_1 \boldsymbol{v}_1 + c_2 \boldsymbol{v}_2 + \cdots + c_m \boldsymbol{v}_m \mid c_j \in K\}$$

と表されるとき，$\mathcal{S}$ は**有限生成**という．また，$\boldsymbol{v}_1, \boldsymbol{v}_2, \cdots, \boldsymbol{v}_m$ を**生成系**という．$\mathcal{S}$ が有限生成で，その有限個の元からなる生成系が線形独立であるとき，それを**基底**という．また，基底に含まれる要素の数 m を $\mathcal{S}$ の**次元**といい $\dim \mathcal{S}$ で表す．

　たとえば，$P(n)$ の中で $1, x, x^2, \cdots, x^n$ は線形独立であり，従って $\dim P(n) = n+1$ となる．

A.4. 線形空間（ベクトル空間） 161

> **命題 10** $\mathcal{S}$ を $\mathbb{R}$ 上の関数全体のなす線形空間とする．このとき，関数の族
>
> $$\{x^s e^{\alpha_j x} \mid s = 0, 1, 2, \cdots, n,\ j = 1, 2, \cdots, m\}$$
>
> （ただし，$\alpha_1, \cdots, \alpha_m$ はすべて相異なる複素数とする）は線形独立である．

特殊なケースの証明 ここでは α_j がすべて実数の場合を証明する．並べ替えて $\alpha_1 < \alpha_2 < \cdots < \alpha_m$ としてよい．

$$\sum_{j=1}^{m} \sum_{s=0}^{n} c_{j,s} x^s e^{\alpha_j x} = 0 \quad (x \in \mathbb{R}) \tag{A.7}$$

とする．ここで，微分積分学で頻出の次の事柄を思い出す（これはロピタルの定理を用いて示される）．

任意の $\varepsilon > 0, p \in \mathbb{R}$ に対し

$$\lim_{x \to \infty} \frac{x^p}{e^{\varepsilon x}} = 0 \tag{A.8}$$

さて，(A.7) の両辺を $x^n e^{\alpha_m x}$ で割って

$$\sum_{j=1}^{m} \sum_{s=0}^{n} c_{j,s} x^{s-n} e^{(\alpha_j - \alpha_m) x} = 0$$

となる．(A.8) の性質より $x \to \infty$ より $j = m, s = n$ の項以外すべて 0 に収束する．よって $c_{m,n} = 0$ を得る．これを使って次に (A.7) の両辺を $x^{n-1} e^{\alpha_m x}$ で割って

$$\sum_{j=1}^{m-1} \sum_{s=0}^{n} c_{j,s} x^{s-n+1} e^{(\alpha_j - \alpha_m) x} + \sum_{s=0}^{n-1} c_{m,s} x^{s-n+1} = 0$$

ここで $x \to \infty$ として $c_{m,n-1} = 0$ を得る．これを繰り返し $c_{m,n} = c_{m,n-1} = \cdots = c_{m,2} = c_{m,1} = 0$ を得る．よって (A.7) は

$$\sum_{j=1}^{m-1} \sum_{s=0}^{n} c_{j,s} x^s e^{\alpha_j x} = 0$$

となり，m の番号は一つ減って $m-1$ の場合に還元された．よってこの m を減らす過程を繰り返して，結局 $c_{j,s} = 0$ がすべての $1 \leq j \leq m, 0 \leq s \leq n$ について導かれた．■

162　付章　予備知識と補足

A.5　行列の固有値と対角化

2 章において線形代数学における，行列の固有値，固有ベクトルなどの知識と方法を使ったので，本節において簡単に整理しておく．より詳しくは線形代数の入門書で学んで欲しい（参考文献を参照）．

以下 K を $\mathbb{R}$ あるいは $\mathbb{C}$ とする．$M_{mm}(K)$ を K 成分の $m \times m$ 正方行列全体とする．対角成分以外の成分が 0 であるような正方行列を**対角行列**という．また，E_m を m 次単位行列（対角成分がすべて 1 で，残りの成分は 0）とする．

まず行列の固有値，固有ベクトルについて定義を復習する．

定義　$\lambda \in K$ が行列 $A \in M_{mm}(K)$ の固有値であるとは，あるゼロベクトルでないベクトル $\boldsymbol{p} \in K^n$ があって

$$A\boldsymbol{p} = \lambda\boldsymbol{p}$$

となることである．またこのような $\boldsymbol{p}$ を固有値 λ に付随する**固有ベクトル**という．

命題 11　$\lambda \in K$ が行列 $A \in M_{mm}(K)$ の固有値であるための必要十分条件は

$$\det(A - \lambda E_m) = 0$$

であることである．この式を**固有方程式**という．

さて行列 $A \in M_{mm}(K)$ が与えられたとき，正則行列 P をうまくとって $P^{-1}AP$ をなるべく単純な形（標準形）に変形したい，という要求がしばしば起こる．これは**行列の標準化の問題**といい，線形代数学でこのような要請に答える理論が整備されている．2 章において必要とされたことは，まさにこのような事柄である．これが最も簡単である対角行列になるような場合（対角化可能な場合）をまず整理する．

$A \in M_{mm}(K)$ に対し

($*$) 固有ベクトルからなる線形独立な m 個のベクトルの系

$$\langle \boldsymbol{p}_1, \boldsymbol{p}_2, \cdots, \boldsymbol{p}_m \rangle$$

があると仮定して話を進める．これがいつ成立するかについてはあとで言及する．$\boldsymbol{p}_k$ の固有値を λ_k とする．すなわち

$$A\boldsymbol{p}_k = \lambda_k\boldsymbol{p}_k \quad (1 \leqq k \leqq m)$$

であるからこの固有ベクトルを並べて，行列 P を $P = [\boldsymbol{p}_1 \quad \boldsymbol{p}_2 \quad \cdots \quad \boldsymbol{p}_m]$ としてつ

A.5. 行列の固有値と対角化

くると列ベクトルの線形独立性より P は正則行列になることが知られている（すなわち逆行列 P^{-1} が存在する）．このとき，

$$
\begin{aligned}
AP &= A[\boldsymbol{p}_1 \quad \cdots \quad \boldsymbol{p}_m] \\
&= [A\boldsymbol{p}_1 \quad \cdots \quad A\boldsymbol{p}_m] \\
&= [\lambda_1\boldsymbol{p}_1 \quad \cdots \quad \lambda_m\boldsymbol{p}_m] \\
&= [\boldsymbol{p}_1 \quad \cdots \quad \boldsymbol{p}_m]
\begin{bmatrix}
\lambda_1 & 0 & \dots & 0 \\
0 & \lambda_2 & & 0 \\
\vdots & & \ddots & \vdots \\
0 & & \dots & \lambda_n
\end{bmatrix}
\end{aligned}
$$

これより，P^{-1} を両辺の左から掛けて

$$
P^{-1}AP =
\begin{bmatrix}
\lambda_1 & 0 & \dots & 0 \\
0 & \lambda_2 & & 0 \\
\vdots & & \ddots & \vdots \\
0 & & \dots & \lambda_n
\end{bmatrix}
$$

すなわち A は対角化された．

さて (*) はいつ成立するかであるが，次の二つの場合が知られている．

(a) A の固有値が m 個の異なる数からなる場合

(b) A が正規行列（$A^*A = AA^*$）の場合，特に，エルミート行列（$A = A^*$）の場合

さて，A は，必ずしも対角化できないことも起こり得る．たとえば行列

$$
\begin{bmatrix}
0 & 1 \\
0 & 0
\end{bmatrix}
$$

はどのように正則行列 P を選んでも $P^{-1}AP$ を対角行列にすることができない．上の (a) を用いるとそのようなケースは固有方程式

$$
\det(A - \lambda E_m) = 0
$$

の m 個の根のいくつかが重複しているような場合（重根をもつ場合）であることがわかる．実はこのような対角化できない場合でも，$P^{-1}AP$ をジョルダン標準形という簡潔な形に変形することが可能であることが知られている．ここでは行列のサイズ $m = 2$ の場合にジョルダン標準形について解説しよう．

164　　　　　　　付章　予備知識と補足

定理 12　行列 $A \in M_{22}(K)$ の固有方程式が次のように 1 次式に分解されるとする（α, β が固有値）

$$\det(A - \lambda E_2) = (\lambda - \alpha)(\lambda - \beta)$$

このとき，

(i)　$\alpha \neq \beta$ ならば正則行列 $P \in M_{22}(K)$ を選んで

$$P^{-1}AP = \begin{bmatrix} \alpha & 0 \\ 0 & \beta \end{bmatrix}$$

とできる．

(ii)　$\alpha = \beta, A \neq \alpha E_2$ ならば正則行列 $P \in M_{22}(K)$ を選んで

$$P^{-1}AP = \begin{bmatrix} \alpha & 1 \\ 0 & \alpha \end{bmatrix}$$

とできる．

　証明　(i) は (a) に含まれる．(ii) は $\alpha = \beta, A - \alpha E_2 \neq O$ の場合を扱う．ケーリー・ハミルトンの定理より

$$(A - \alpha E_2)(A - \beta E_2) = O$$

ここで $\alpha = \beta$ より $(A - \alpha E_2)^2 = O$．さて，$A - \alpha E_2$ は正則行列でないから $(A - \alpha E_2)\boldsymbol{p}_1 = \boldsymbol{0}$ となるベクトル $\boldsymbol{p}_1 \neq \boldsymbol{0}$ が選べる．さて $\boldsymbol{p}_1, \boldsymbol{p}_2'$ が線形独立になるような $\boldsymbol{p}_2'$ を何でもよいからとる．ここで $(A - \alpha E_2)\boldsymbol{p}_2' = \boldsymbol{q}$ とすると，これはゼロベクトルではない．もしそうでないならば (a) より $A = \alpha E_2$ となってしまう．また，$(A - \alpha E_2)^2 = O$ より $(A - \alpha E_2)\boldsymbol{q} = \boldsymbol{0}$ である．ここで，$\boldsymbol{p}_1, \boldsymbol{q}$ は線形独立ではない．もしそうだとするとやはり (a) より $A = \alpha E_2$ となってしまう．よって，$\boldsymbol{q} = c\boldsymbol{p}_1$ となる $c \neq 0$ が存在する．ここで $\boldsymbol{p}_2 = (1/c)\boldsymbol{p}_2'$ とすると

$$A\boldsymbol{p}_2 = \alpha\boldsymbol{p}_2 + \boldsymbol{p}_1$$

であるから $P = [\boldsymbol{p}_1 \quad \boldsymbol{p}_2]$ とすると

$$AP = [A\boldsymbol{p}_1 \quad A\boldsymbol{p}_2] = [\boldsymbol{p}_1 \quad \boldsymbol{p}_2] \begin{bmatrix} \alpha & 1 \\ 0 & \alpha \end{bmatrix}$$

が成立し，次式を得る．

$$P^{-1}AP = \begin{bmatrix} \alpha & 1 \\ 0 & \alpha \end{bmatrix}$$

A.5. 行列の固有値と対角化 **165**

┌─ 例題 13 ────────────────────────────

行列 $A = \begin{bmatrix} 3 & 6 \\ 1 & -2 \end{bmatrix}$ に対し適当な正則行列 P を選んで $P^{-1}AP$ を標準形にせよ.

────────────────────────────────────

【解 答】 固有多項式

$$\det(A - \lambda E_2) = \det \begin{bmatrix} 3 - \lambda & 6 \\ 1 & -2 - \lambda \end{bmatrix}$$

$$= \lambda^2 - \lambda - 12 = (\lambda - 4)(\lambda + 3)$$

よって $\alpha = 4 \neq \beta = -3$ である. よって (a) より A は対角化可能. 固有ベクトルを求める.

$$(A - 4E_2) \begin{bmatrix} c_1 \\ c_2 \end{bmatrix} = \begin{bmatrix} -1 & 6 \\ 1 & -6 \end{bmatrix} \begin{bmatrix} c_1 \\ c_2 \end{bmatrix} = \mathbf{0}$$

より $-c_1 + 6c_2 = 0$ であるから $c_2 = 1, c_1 = 6$ とおいて一つの固有ベクトルとして $\mathbf{p}_1 = \begin{bmatrix} 6 \\ 1 \end{bmatrix}$ を得る(これの定数倍ももちろん固有ベクトル).

$$(A + 3E_2) \begin{bmatrix} c_1 \\ c_2 \end{bmatrix} = \begin{bmatrix} 6 & 6 \\ 1 & 1 \end{bmatrix} \begin{bmatrix} c_1 \\ c_2 \end{bmatrix} = \mathbf{0}$$

より $c_1 + c_2 = 0$ であるから $c_2 = 1, c_1 = -1$ とおいて一つの固有ベクトルとして $\mathbf{p}_2 = \begin{bmatrix} -1 \\ 1 \end{bmatrix}$ を得る. よって

$$P = [\mathbf{p}_1 \quad \mathbf{p}_2] = \begin{bmatrix} 6 & -1 \\ 1 & 1 \end{bmatrix}$$

とおけば,次式を得る.

$$P^{-1}AP = \begin{bmatrix} 4 & 0 \\ 0 & -3 \end{bmatrix}$$

問題の略解

第 1 章

問 1 $u(x) = 1, u(x) = x + 1$ **問 5** $u(x) = (e^{2x} - 1)/(e^{2x} + 1)$

問 6 $u(x) = e^{-x^2}$ **問 8** 例題 6 と同様に $v(x) = e^{\alpha x} w(x)$ で，$\alpha = 1$ と
おくと $w'' = 0$ となる．よって $w(x) = ax + b$．一方 $w(0) = 2, w'(0) = -2$.
$u(x) = e^x(-2x + 2)$ **問 9** $u(x) = -\sin x, v(x) = \cos x$ **問 10** $h \neq -1$ の
とき $u(x) = (h+1)^{-1}xe^x - (1+h)^{-2}e^x + \{1 + (1+h)^{-2}\}e^{-hx}$, $h = -1$ のとき
$u(x) = x^2 e^x/2 + e^x$ **問 11** $u(x) = c\,e^{-hx} + (h\cos\omega x + \omega\sin\omega x)/(h^2 + \omega^2)$
問 12 一般解は $u(x) = c\,e^{2x} - x^2/2 - x - 1$ より初期条件を用いて $c = 2$ が従う．
$u(x) = 2e^{2x} - x^2/2 - x - 1$ **問 13** $u(x) = 2e^{2x} - e^{3x}$

演習問題

1. (1) $u(x) = (e^{2x} - 1)/2$ (2) $u(x) = 4e^{4x}/(3 + e^{4x})$

(3) $u(x) = \sqrt{2x + 4} - 1$ (4) $u(x) = \exp(e^x \log 2)$

2. (1) $u(x) = \left(\frac{1}{2} + \frac{1}{\sqrt{3}}\right)e^{(-2+\sqrt{3})x} + \left(\frac{1}{2} - \frac{1}{\sqrt{3}}\right)e^{(-2-\sqrt{3})x}$

(2) $u(x) = e^{-x}\sin x$

3. (1) $v' = (\alpha - 1)(a - bv)v$ (2) $u(x) = ae^{ax}/(a + b)(e^{a(\alpha-1)x})^{1/(\alpha-1)}$

4. $u(x) = e^x/(2^m - 1 + e^{mx})^{1/m}$, $\displaystyle\lim_{x\to\infty} u(x) = 1$

5. $\overline{\text{OP}} = (1 + 3dt)^{1/3}$, 移動した距離 $= \left\{\frac{1}{2}(1 + 3dt)^{2/3} - \frac{1}{2}\right\}$

第 2 章

問 2 $A = \begin{bmatrix} -1 & -2 \\ 2 & -1 \end{bmatrix}, \boldsymbol{f}(x) = \begin{bmatrix} 1 \\ x \end{bmatrix}$ **問 3** 一般解は $u(x) = c\exp(-\int_0^x a(y)dy)$

の形なので実数パラメータ c の 1 次元の自由度がある．

問 6 次々と不定積分してゆけばよい．$d^m u/dx^m = 0$ から $d^{m-1}u/dx^{m-1} = c_1'$,
$d^{m-2}u/dx^{m-2} = c_1'x + c_2', \cdots, u(x) = c_1'x^{m-1}/(m-1)! + c_2'x^{m-2}/(m-2)! + \cdots + c_m'$
となる．   **問 7** $(d/dx - 1)^2(d/dx - 2)u = 0$ **問 8** $u(x) = (-1/3)x^2 +$
$(7/9)x - 20/27 + (13/54)e^{3x} + (3/2)e^{-x}$ **問 9** $u(x) = c_1 e^{-x} + c_2 xe^{-x} + c_3 x^2 e^x +$
$x - 3$ **問 12** $u(x) = (1/2\omega^2)(\sin\omega x - x\omega\cos\omega x)$
問 13 $u(x) = \frac{1}{1+\omega^2}e^x - \frac{1}{1+\omega^2}\{\cos\omega x + (1/\omega)\sin\omega x\}$

問題の略解 **167**

問 14 $u_1(x) = 2e^x \cos x - 1$, $u_2(x) = 2e^x \sin x$　　**問 15** $P^{-1}AP = \begin{bmatrix} 1 & 1 \\ 0 & 1 \end{bmatrix}$,

$A^n = \dfrac{1}{2} \begin{bmatrix} n+2 & n \\ -n & -n+2 \end{bmatrix}$, $\exp(xA) = \dfrac{1}{2} \begin{bmatrix} (x+2)e^x & xe^x \\ -xe^x & (2-x)e^x \end{bmatrix}$

演習問題

1. (1) $u(x) = \dfrac{x^2}{4} + \dfrac{x}{2} + \dfrac{1}{8} + c_1 e^{2x} + c_2 x e^{2x}$

(2) $u(x) = -1 + c_1 e^x + c_2 x e^x + c_3 x^2 e^x$

2. $\exp(xA) = \dfrac{1}{4} \begin{bmatrix} 3e^x + e^{5x} & -e^x + e^{5x} \\ -3e^x + 3e^{5x} & e^x + 3e^{5x} \end{bmatrix}$

3. (1) $\begin{bmatrix} u(x) \\ v(x) \end{bmatrix} = \begin{bmatrix} (1/5) + (2/3)e^{2x} \\ (-2/5) - e^{2x} \end{bmatrix} + \begin{bmatrix} 3e^x + e^{5x} & -e^x + e^{5x} \\ -3e^x + 3e^{5x} & e^x + 3e^{5x} \end{bmatrix} \begin{bmatrix} c_1 \\ c_2 \end{bmatrix}$

(2) $\begin{bmatrix} u \\ v \\ w \end{bmatrix} = c_1 \begin{bmatrix} x^2/2 \\ x \\ 1 \end{bmatrix} + c_2 \begin{bmatrix} x \\ 1 \\ 0 \end{bmatrix} + c_3 \begin{bmatrix} 0 \\ 0 \\ 1 \end{bmatrix}$

4. $A^n = \begin{bmatrix} 1 & n & n(n+1)/2 \\ 0 & 1 & n \\ 0 & 0 & 1 \end{bmatrix}$, $\exp(xA) = \begin{bmatrix} e^x & xe^x & (x^2/2 + x)e^x \\ 0 & e^x & xe^x \\ 0 & 0 & e^x \end{bmatrix}$

5. $u(x) = (x^2/4 + 3x/4 + 7/8)e^x$

6. 背理法で示す. ある点 x_0 で $u(x_0)^2 + u'(x_0)^2 = 0$ とすると, $u(x_0) = 0, u'(x_0) = 0$ である. ここで, u は方程式 $u'' + p(x)u' + q(x)u = 0$ の解であり, 定理 8 の解の一意性より $u \equiv 0$ となり矛盾.

第 3 章

問 2 $A\boldsymbol{p}_k = \lambda_k \boldsymbol{p}_k$ を示すため, 第 j 成分どうしを比較する. $j = 1$ の場合は $2 \sin \theta_k - \sin 2\theta_k = (2 - 2\cos\theta_k)\sin\theta_k = \lambda_k \sin\theta_k$ より正しい. $2 \leqq j \leqq m-1$ については $-\sin(j-1)\theta_k + 2\sin j\theta_k - \sin(j+1)\theta_k = 2\sin j\theta_k - 2\sin j\theta_k \cos\theta_k = \lambda_k 2\sin j\theta_k$ より正しい. $j = m$ の場合は $-\sin(m-1)\theta_k + 2\sin m\theta_k = 2\sin m\theta_k - \sin m\theta_k \cos\theta_k + \sin\theta_k \cos m\theta_k$. ここで $\sin\theta_k \cos m\theta_k = \sin(\theta_k - k\pi)\cos(m\theta_k - k\pi) = -\sin(k\pi - \theta_k)\cos(k\pi - m\theta_k)$. また $\theta_k = k\pi/(m+1)$ より $k\pi - \theta_k = m\theta_k$, $k\pi - m\theta_k = \theta_k$ よって, これらを代入して $-\sin(m-1)\theta_k + 2\sin m\theta_k = \lambda_k \sin m\theta_k$

問 3 初期条件より $a = -1, \gamma = 0$ となる. $\varphi(t) = -\cos\omega t$　　**問 4** $T = 2\sqrt{2}$

問 5 直線斜面の場合の所要時間 $= \sqrt{\pi^2 + 4}\sqrt{a/(2g)} >$ サイクロイド斜面の場合の所要時間 $= \pi\sqrt{a/(2g)}$.

演習問題

1. 直線上に二つのおもり（質量 M）があり，バネ定数 K のバネでつながれている状態の運動方程式．$u_1(t) = \{t + (1/\omega)\sin\omega t\}/2$, $u_2(t) = \{t - (1/\omega)\sin\omega t\}/2$

2. A から $C(b/2, a-(1/m))$ まで直線を引き，そこから $(b,0)$ まで再び直線とする．そうすると m を大きくとると A から C までの坂がゆるいのでなかなか加速できず非常に時間がかかる．

3. 方程式より $w'(t) = 2(a-w)w$. $w(0) \geqq 0$ の下で，これを解いて，(1) $a \leqq 0$ なら $\lim_{t\to\infty} w(t) = 0$　(2) $a > 0$ のとき $\lim_{t\to\infty} w(t) = a$

4. $y = (1-x^2)/2$, 放物線．

5. 時刻 t での質点の位置 $(\cos\xi(t), \sin\xi(t), \xi(t))$ ただし $\xi(t) = -gt^2/4$

第4章

問1 図参照

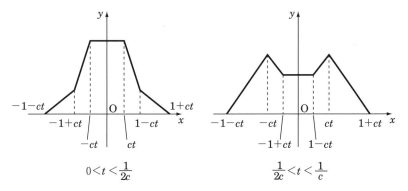

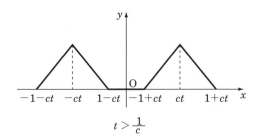

問2 $\pi^4/90$　**問4** $c = c_1 + c_2 i$ $(c_1, c_2 \in \mathbb{R})$ とおいて $u(x) = c_1(x_1^2 - x_2^2) - 2c_2 x_1 x_2$ より　**問5** $v(x) = u(x) - c$ とおくと v も調和関数となり定理14を適用して同じ結論を得る．

問題の略解 **169**

演習問題

1. 任意の $(x_1, x_2) \in \mathbb{R}^2$ に対して t の関数 $u(x_1+t, x_2-t)$ を考える. これを t で微分して $(d/dt)u(x_1+t, x_2-t) = (\partial u/\partial x_1)(x_1+t, x_2-t) - (\partial u/\partial x_2)(x_1+t, x_2-t) = 0$ であるから $u(x_1+t, x_2-t)$ は t に依存しない. よって $t = x_2$ として $u(x_1, x_2) = u(x_1+t, x_2-t) = u(x_1+x_2, 0) = 0$. よって x_1, x_2 の任意性より $u \equiv 0$.

2. $u(x_1, x_2) = (x_1^2 + x_2^2 - 1)/4$

5. $f(x) = \sum_{n=1}^{\infty} \frac{8L^2}{\pi^3} \frac{1}{(2n-1)^3} \sin \frac{(2n-1)\pi x}{L}$

第5章

問1 $1/(\xi - a)^2$. $L[x^n](\xi) = \int_0^\infty e^{-x\xi} x^n dx$ において $x\xi = y$ と置換積分してヒントを利用. **問3** n に関する帰納法を用いる. 命題3の証明法を援用する.

問4 $u(x) = c_1 e^{\alpha x} + c_2 x e^{\alpha x}$ **問5** (1) $u(x) = 1 + 2xe^x$

(2) $u(x) = (x/2) + (1/4) + 3/4e^{2x}$

演習問題

1. (1) $u(x) = (3\sin x + 4\cos x - 4e^{2x} + 5xe^{2x})/25$ (2) $u(x) = (4/25) - e^x/8 - x/5 - 1/12\,e^{-x} + 29/600\,e^{5x}$

2. (1) $u_1(x) = e^{5x}/4 + 3e^x/4,\ u_2(x) = 3e^{5x}/4 - 3e^x/4$

(2) $u_1(x) = 7e^{2x}/8 + 19e^{4x}/32 - x/8 - 15/32,\ u_2(x) = 7e^{2x}/8 - 19e^{4x}/32 - 3x/8 - 9/32$

3. $u_1(x) = 3e^{5x}/50 + e^x/2 + x/5 - 14/25,\ u_2(x) = 9e^{5x}/50 - e^x/2 - 2x/5 + 8/25$

4. (1) $u(x) = e^{2x}/4 - 1/4 + x/2$ (2) $u(x) = e^x/4 - e^{-x}/4 - (1/2)\sin x$

参 考 書

　微分方程式を学ぶには，あわせて線形代数学や微分積分学を学び演習をして基礎をしっかりしておくことが望まれる．これらに関する入門書は非常に多く出版されていてどれを読んでもよい．いくつかの本をあげておく．

[1] 上見，勝股，三宅，スタンダード微分積分学演習，共立出版.

[2] 笠原皓司，微分積分学，サイエンス社.

[3] 福田，鈴木，安岡，黒崎，詳解微積分演習 I, II，共立出版.

[4] マイベルク，ファヘンアウア，工科系の数学 1〜8，サイエンス社.

[5] 高橋，加藤，微分積分概論 [新訂版]（越 監修），サイエンス社.

　微分方程式について，さらに進んで勉強したい人は以下の文献にあたるのもよいと思う．

常微分方程式：

[1] 高橋陽一郎，微分方程式入門，東京大学出版会.

[2] ポントリャーギン，常微分方程式（木村 校閲，千葉 訳），共立出版.

[3] 吉田耕作，微分方程式の解法（岩波全書），岩波書店.

偏微分方程式：

[1] 金子晃，偏微分方程式入門，東大出版会.

[2] 井川満，偏微分方程式論入門，裳華房.

歴史上の偉大な数学者の物語と仕事について次のものが面白い．

[1] ベル，数学をつくった人びと 上，下（田中，銀林 訳），東京図書.

索　引

あ　行

依存領域, 110
1 階の微分作用素, 20
一般解, 2

運動エネルギー, 79

影響領域, 110
円振り子, 89

か　行

解空間, 41
階数, 1
解の一意存在定理, 40
解の基本系, 42
外力, 25
重ね合わせ原理, 40
加速度, 26
加速度ベクトル, 25
慣性の法則, 26
完全等時性, 92

基底, 160
基本解, 121
基本系行列, 44
逆ラプラス変換, 143
共役複素数, 153
行列の標準化の問題, 162
極形式, 155

極座標表示, 130
局所リプシッツ連続, 157

クロネッカーのデルタ, 117

ケプラーの法則, 95
減衰振動, 80

合成積, 61
固有関数, 115
固有振動, 111, 112
固有振動解, 86
固有値, 115
固有ベクトル, 162
固有方程式, 162

さ　行

サイクロイド振り子, 91
最速降下曲線, 100, 103
最大最小問題, 100
最大値原理, 133

次元, 160
周期関数, 17
重力加速度, 26
ジョルダン標準形, 163
進行波, 109

正規直交系, 118
斉次, 40

172　　　　　　索　引

斉次方程式, 40, 50, 52, 54
生成, 160
生成系, 160
積分方程式, 149
絶対値, 153
線形空間, 160
線形結合, 40
線形独立, 160
線形微分方程式, 37

速度ベクトル, 25

た 行

対角行列, 162
代数学の基本定理, 156
単振動, 27
単振動方程式, 3, 10

調和関数, 130
直交関係式, 117

定数変化法, 15, 47
伝搬速度, 109

等加速度運動, 26
特殊解, 2
特性根, 20, 56
特性方程式, 20, 56
特解, 2
ド・モアブルの公式, 154

な 行

内積, 115

ニュートンの運動方程式, 25

熱核, 121
熱（伝導）方程式, 121

ノルム, 115

は 行

波動方程式, 107, 108
バネ定数, 27
ハルナックの不等式, 134
万有引力定数, 95
万有引力の法則, 95

比較存在定理, 32
非斉次方程式, 40, 46, 50, 52, 54

フーリエ級数, 115, 118
フーリエ級数展開, 118
フーリエ係数, 118
複素数, 152
部分線形空間, 160
部分ベクトル空間, 160

平均値の性質, 131
ベクトル空間, 160
ベッセル・パーセバルの等式, 119
ベルヌーイの微分方程式, 36
変数分離形方程式, 4
変数分離法, 111
変分原理, 101
変分方程式, 102
変分問題, 100

放物運動, 26
ポテンシャルエネルギー, 79
ボルテラ型積分方程式, 149

ま 行

摩擦力, 79

未知関数, 1

や 行

有限生成, 160
有限伝播性, 113

ら 行

ラプラス変換, 137
ラプラス方程式, 130

リウビル型定理, 134

連成振動, 82

著者略歴

神 保 秀 一
じんぼ しゅういち

1981年　東京大学理学部数学科卒業
1987年　東京大学大学院理学系研究科博士課程修了
現　在　北海道大学大学院理学研究院数学部門教授
　　　　理学博士

主 要 著 書
微分, 積分 (ともに共立出版, 共著), 偏微分方程式入門
(共立出版), 位相空間 (数学書房, 共著), ギンツブル
ク–ランダウ方程式と安定性解析 (岩波書店, 共著)

新・数理／工学 [応用数学＝1]
ライブラリ

微分方程式概論 [新訂版]

1999 年　1 月 10 日 ⓒ　　　　初 版 発 行
2016 年　3 月 10 日　　　　　　初版第7刷発行
2018 年　1 月 10 日 ⓒ　　　　新訂第1刷発行

著 者　神保秀一　　　　発行者　矢沢和俊
　　　　　　　　　　　　印刷者　山岡景仁
　　　　　　　　　　　　製本者　米良孝司

【発行】　株式会社 数 理 工 学 社
〒151–0051 東京都渋谷区千駄ヶ谷1丁目3番25号
☎ (03) 5474–8661 (代)　　　サイエンスビル

【発売】　株式会社 サ イ エ ン ス 社
〒151–0051 東京都渋谷区千駄ヶ谷1丁目3番25号
営業 ☎ (03) 5474–8500 (代)　振替 00170–7–2387
FAX ☎ (03) 5474–8900

印刷　三美印刷　　　製本　ブックアート
《検印省略》

サイエンス社・数理工学社の
ホームページのご案内
http://www.saiensu.co.jp
ご意見・ご要望は
suuri@saiensu.co.jp まで.

本書の内容を無断で複写複製することは, 著作者および
出版者の権利を侵害することがありますので, その場合
にはあらかじめ小社あて許諾をお求め下さい.

ISBN978-4-86481-051-7
PRINTED IN JAPAN

工学のための **フーリエ解析**

山下・田中・鷲沢共著　2色刷・A5・上製・本体1900円

工学基礎

フーリエ解析とその応用[新訂版]

畑上　到著　2色刷・A5・上製・本体1950円

工学基礎 ラプラス変換と Z 変換

原島・堀共著　2色刷・A5・上製・本体1900円

工学基礎 数値解析とその応用

久保田光一著　2色刷・A5・上製・本体2250円

工学のための **数値計算**

長谷川・吉田・細田共著　2色刷・A5・上製・本体2500円

理工学のための **数値計算法 [第2版]**

水島・柳瀬共著　2色刷・A5・上製・本体2050円

工科のための **確率・統計**

大鑄史男著　2色刷・A5・上製・本体2000円

工学のための **データサイエンス入門**

－フリーな統計環境 R を用いたデータ解析－

間瀬・神保・鎌倉・金藤共著
2色刷・A5・上製・本体2300円

＊表示価格は全て税抜きです.

発行・数理工学社／発売・サイエンス社